浙江文化艺术发展基金资助项目

浙江
历史人文
儿童读本

清丽的山川

汤敏 著

浙江少年儿童出版社·杭州

图书在版编目（CIP）数据

清丽的山川/汤敏著. —杭州:浙江少年儿童出版社,2022.1
（浙江历史人文儿童读本）
ISBN 978-7-5597-2294-2

Ⅰ.①清… Ⅱ.①汤… Ⅲ.①自然地理－浙江－儿童读物 Ⅳ.①P942.55

中国版本图书馆 CIP 数据核字（2020）第 267578 号

责任编辑　马樱滨
装帧设计　成慕姣
内文插图　米　口
责任校对　马艾琳
责任印制　孙　诚

浙江历史人文儿童读本

清丽的山川

QINGLI DE SHANCHUAN

汤敏　著

浙江少年儿童出版社出版发行
（杭州市天目山路 40 号）

浙江兴发印务有限公司印刷　　全国各地新华书店经销
开本 840mm×1300mm　1/32　印张 4.375　字数 62000　印数 1—3000
2022 年 1 月第 1 版　　2022 年 1 月第 1 次印刷

ISBN 978-7-5597-2294-2　　　　定价：30.00 元

目　录

西湖：
淡妆浓抹总相宜

当徜徉在杭州西子湖畔，陶醉于它的湖光山色之中时，我们很难将这个明媚温柔的湖泊与辽阔浩瀚的大海联系起来。但是，它的前身确实与大海相连。据史书记载，秦始皇当年东游入海，他的船只曾经在西湖停靠，所以在宝石山下至今还留有"解缆石"的史迹，告诉我们秦始皇在这里系过他的行舟。

正如罗马不是一天建成的，今天的西湖成为世界性的湖泊文化遗产，也经历了漫长的历史。它的开发史可以追溯到东汉时期，一位名叫华信的地方官，在西湖以东地带筑塘以抵御钱塘江咸潮。

唐朝时，西湖面积约有 10.8 平方千米，比现在差不多大一倍，湖的西部、南部都深至西山脚下，东北面延伸到武林门一带。因为当时未修水利,西湖时而遭大雨泛滥,时而因久旱干涸。822年,著名诗人白居易出任杭州刺史。在杭数年间,他先是疏通前任刺史李泌四十年前开凿的六井,后是整治西湖,筑建湖堤。他筑的堤据说是从钱塘门开始,把西湖一分为二。堤内为上湖,堤外为下湖,平时蓄水,旱时灌田。堤筑成之后,他专门写了一篇《钱塘湖石记》,详细记载了堤的功用、保护方法,刻石立于湖边。824年,白居易三年任满,百姓们扶老携幼,箪食壶浆,为他送行。临别依依,白居易赋诗相赠:"税重多贫户,农饥足旱田。惟留一湖水,与汝救凶年。"我们现在在湖滨六公园可以见到《钱塘湖石记》碑石,以及描绘白居易与杭州百姓惜别场景的一组雕刻。

白居易用诗的语言告诉百姓,留下这一湖水,是为了帮助他们的生产生活,这源于他深刻的爱民情怀。可贵的是,在致力于民生功用时,他还率先给西湖的建设注入了美的因素。白居易是个诗人,热爱美也懂得美,他率众为西湖植树栽荷、筑阁建亭、品题山水。西湖如春睡方醒,巧笑嫣然,步入世人的眼帘。

白居易走后，至五代吴越国定都杭州，百年间西湖又逐渐淤塞，湖面缩小，蓄水减少。912年，吴越国王钱镠想扩建杭州城。有人献策说，填筑西湖，在湖上建官衙，吴越国就能延续千年。钱镠回答，百姓借西湖水来灌田，填了西湖就断了百姓的生路，何况哪有千年不易的江山呀！于是，他非但不填湖，还组织了撩湖兵，疏浚西湖，清除葑草，修理堤闸。吴越国采取的是尊崇中原王朝、与邻国和平相处的政策，这使西湖远离战火，在安宁的环境中成长。至北宋时，它已拥有词人柳永眼中"烟柳画桥，风帘翠幕"的美丽。

北宋文学家苏轼两次到杭州做官。他第一次来杭时，西湖已经有十分之二三淤塞了，十五年后再来，西湖又小了一半，而且旱涝无常，百姓苦不堪言。在苏轼的主持下，一场前所未有的西湖整治行动开始了，打捞出来的淤泥从南自北筑起一道长堤。堤上筑六桥，种桃柳，这就是烟柳诗画的苏堤。苏轼与白居易的高明之处都在于，善于将实用与诗意结合起来，既解决实际问题，又营造出艺术空间。苏堤的筑造不仅解决了淤泥的去处问题，而且开拓了西湖新的美学空间。他在湖上立三塔以为标记，禁止在三塔内种植芰荷，以防淤塞。这一举措造就了"三潭塔分一月印，一波影中一圆晕"的三潭印月之景。

苏轼为杭州写下了三百多首诗词。他的妙笔点染，何止是使湖山增色，更奠定了西湖在中国文化史上的地位。"水光潋滟晴方好，山色空蒙雨亦奇。欲把西湖比西子，淡妆浓抹总相宜。"这首千古传诵的《饮湖上初晴后雨》可谓深得西湖神韵，后世描写西湖的诗作难以超越。此后，西湖饮水

和灌溉的功能渐渐淡化，更多地以湖山胜迹的面貌为人所重。

南宋以杭州为临时首都，南宋画院的画师们经常取西湖一角入画，渐渐就有了"西湖十景"的名称。这就是流传至今的苏堤春晓、断桥残雪、曲院风荷、花港观鱼、柳浪闻莺、雷峰夕照、三潭印月、平湖秋月、双峰插云、南屏晚钟。这不仅使西湖山水园林之美在诗意和艺术情趣方面展现得更充分，也提高了人们对西湖美景的欣赏品位。1247年，杭州大旱，湖水干涸，郡守赵德渊对西湖进行了大规模的疏浚，并从苏堤东浦桥至曲院风荷筑起一堤，即赵公堤。

在明代杨孟瑛出任杭州知府前，西湖又久遭荒废。杨孟瑛整整花了五年时间，才说动朝廷重治西湖。1508年，他动用大量人力物力，终于恢复西湖"湖上春来水拍空，桃花浪暖柳荫浓"的旧观。所挖的葑泥，一部分增筑苏堤，将其填高、拓宽；另一部分另筑一堤，从栖霞岭起，绕丁家山直至南山，与苏堤平行，后人名之为杨公堤。

清代，浙江巡抚赵士麟、李卫等对西湖均有疏浚。1724年，李卫主持了有清一代规模最大的西湖整治工程。五年后，因金沙港淤塞，李卫组织民力挖沙筑堤，从苏堤东浦桥至金沙港，后人称之为金沙堤。1800年，浙江巡抚阮元对西湖进行了清代的最后一次疏浚。淤泥被堆积在湖心亭的西北，成为一个草木葱茏、绿影婆娑的小岛，即阮公墩，与小瀛洲、湖心亭鼎足而立。至此，西湖"长堤数痕、岛浮数点"的景观格局基本形成。

两千年来，西湖像一棵不断成长的树，层层枝叶上缤纷盛放着各样美、诸种好，宜晴宜雨，宜月宜雪，宜诗宜画。

西溪：

且留下

西溪，在杭州市区西部，距离西湖五千米。从前的西溪，地域辽阔，水网如织。南宋皇帝宋高宗在逃避金兵追逐的途中，路经此地，见花木扶疏，烟水微茫，不觉动了在西溪这一带修筑皇宫的念头。后来由于凤凰山更适宜建造宫殿，他只能忍痛割爱，却道"西溪且留下"，表达了他对西溪的不舍与爱恋。"留下镇"的名字就是由此而来的。

没有成为皇宫所在地，也许正是西溪的幸运之处，使它得以保留本真的面貌。本真的西溪是什么样子的呢？就是它的冷、它的淡、它的野、它的雅，使它与众不同、独具魅力。

西溪与西湖，都姓"西"，且同处一城，因此时常被人拿来比较。有人说西湖的湖光山色，太整齐，太小巧，不够味儿，更愿意尝一尝西溪的野趣。有人说西溪比西湖清幽，扁舟摇曳，诗意无穷。有人说西溪如浣纱村女，淡泊幽静，而西湖是吴宫美人，浓妆艳抹。说这番话的人都更偏爱西溪呢。

是什么使得西溪具有这独特的韵味和魅力呢？是水。水在这里以各种形态存在着，为河、为湖、为港、为湾、为塘。"从留下下船，回环曲折，一路向西向北，只在芦花浅水里打圈圈；圆桥茅舍，桑树蓼花，是本地的风光，还不足道；最古怪的，是剩在背后的一带湖上的青山，不知不觉，忽而又会得移上你的面前来，和你点一点头，又匆匆的别了。"郁达夫《西溪的晴雨》中描写西溪的水，有点精灵古怪的味道，曲曲折折，回环往复，欲断还连，使坐在小舟上观景的人，感觉到无穷的乐趣。

西溪这种幽冷的气质，和雪特别搭配。最神奇的是，西溪不仅有冬雪，还有香雪、秋雪。香雪是指西溪有很多古梅树，大的像黄山松那么大，花开时节，人家院落就好像沉浸在一片香雪海中。秋雪，则是指西溪有大片大片的芦苇，秋天，芦花漫天开放，如纷纷扬扬下起一场温柔的雪，飘飘然，浑浑然，这是西溪最美的时光。芦苇深处，有秋雪庵，是观赏芦花最好的地方。徐志摩回忆秋雪庵的月下芦色，由衷地赞叹道："这秋月是纷飞的碎玉，芦田是神仙的别殿；我弄一弄芦管的幽乐——我映影在秋雪庵前。"

因为西溪以水渚为村，非舟莫入，人迹罕至，但是与杭州又保持着不远不近的关系，所以成为古代隐士们理想的居所。自南宋以来，经常有高人逸士在此隐居。南宋灭亡，诗人汪元量辗转从北京回到故乡杭州，隐居西溪。元代鲜于枢因不满官场腐败辞官归隐，筑"霜鹤堂"于西溪，创作了不少以西溪为题材的画。明代进士洪钟，他的先祖在南宋时曾奉诏出使金国，不辱使命，皇帝赐其在西溪建造宅院。洪钟遵守祖训，耕读传家，后家族中人才辈出，人称"明纪祖孙太保五尚书"。另一位明代进士冯梦祯，筑起"西溪草堂"，屋畔遍种梅、竹、茶，引溪流环绕屋舍。明代灭亡后，又一位进士吴本泰不愿意在清朝做官，隐居西溪。

清代，隐居西溪的名士人数日增，其中名气最大的是厉鹗。他踏遍西溪，溪光山色、四季晨昏，都被他写进诗词。那句"芦锥几顷界为田，一曲溪流一曲烟"，一向作为西溪诗词的经典为人传诵。

后来，西溪逐渐冷落。清末到民国初期，许多名园古刹因年久失修倒坍。随着居民耕作产业的改变，当地人不再培育梅花，原有的梅树渐渐枯萎消失。芦滩面积也逐年缩小。日寇侵占杭州，西溪遭到极大破坏，越发荒芜。以后胜迹一毁再毁，面积一缩再缩，西溪湿地不复当年的秀美宁静。

2003年，杭州市政府开始对西溪进行综合开发保护，并将之命名为西溪国家湿地公园，湿地的生态价值受到重视。湿地能够调节大气环境，被称为"城市之肺"。西溪湿地复杂多样的植物群落，为野生动物提供了良好的栖息地，是鸟类、两栖类动物的繁殖、栖息、迁徙、越冬的场所，对于提高城市物种多样性有重要的作用。

在这次整治中，历史上的西溪美景得以复原重现。如今的西溪，每逢春秋佳日，游人如织，不再是隐秘的世外桃源，我们尽可以泛舟曲水，或者漫步曲径，咀嚼古人的诗韵，欣赏它的野趣与风情。

富春江：
一江春水

在中国的江河中，富春江不算长。但是，在它105千米的河道上，却处处散落着"水碧山青画不如"的美妙风景和"秦时风物晋山川"的历史遗迹。

富春江与分水江合流之处，有座独立的山峰，它的山色如此青翠，就好像青螺出水，翠玉浮冰，这就是桐君山，相传山上有很多桐树。4000多年前，有一位老人家在桐树下安家，他常常到山里采药，为人治病。村里人问他姓甚名何，他却手指桐树，笑而不言。村里人只好叫他桐君。这位踪迹渺然的无名老者留下了一部《桐君采药录》，被后世推崇为中医药学的始祖。

东汉时，一位在古代中国大概算名气最大的隐士来到富春江畔，他就是汉光武帝刘秀的同窗好友严子陵。在刘秀还没当上皇帝时，他们两人就结下了很深的友谊。后来他帮助刘秀起兵反对王莽，取得胜利。但是，等到刘秀坐上帝位，他却不愿意领受皇帝的犒赏，先逃到山东，被刘秀召回；又远远地逃到富春江，从此过起了逍遥自在的耕作、垂钓的生活。严子陵对名利、富贵的淡泊情怀，深受后人的崇敬，甚至成为很多人的精神偶像。最著名的粉丝大概就是北宋名臣范仲淹了，他那句"先天下之忧而忧，后天下之乐而乐"被人千古传诵。在相隔整整一千年后，他登上严子陵钓鱼台，感佩子陵先生"不事王侯"的高尚事迹，修建严先生祠，并写下《严先生祠堂记》，其中有一句话也被人千古传诵："云山苍苍，江水泱泱，先生之风，山高水长！"

　　到了南朝，安吉人吴均在给好友朱元思的信中，用优雅的语言隆重推荐富春江："风烟俱净，天山共色。从流飘荡，任意东西。自富阳至桐庐一百许里，奇山异水，天下独绝……"正如信中所言，富春江最美的一段在桐庐、富阳之间。这一带有七里泷水深江阔，乱石激湍，两岸群峰并峙，古木森森。子陵钓台最宜登高而望，江流一线，玉带宛转，

▶风烟俱净，天山共色。(徐长德摄)

隔江青山数点，微痕一抹。桐君山西岸是桐庐的人家烟树，南面对江是唐朝诗人方干故里白云村。白云村坐落的鸬鹚湾，掩映如画。另有大奇山、鹳山、鹤岭、中沙、瓜州等名胜，无不秀姿天成。

富春江上无尽的自然风光、动人的历史故事，吸引着人们寻流而来，他们为之赋诗、作文、绘画。最美的画当属黄公望的《富春山居图》。在漫长的漂泊后，1347年，快八十岁的黄公望来到富春山，并定居于此。此后长达三四年的时光里，他无数次沿着富春江漫游行走，富春山水渐渐融入他的胸怀。1350年，他完成《富春山居图》，一袭长卷娓娓描摹出富春江两岸风光，或壮阔，或奇崛，或淡远。

严子陵、黄公望，两位外乡人将自己最后的人生岁月托付给富春山水，富春江的儿子郁达夫却不断地离开、归来，终于一去不复返。他是如此深爱自己的家乡，为家乡写了很多诗歌、文章。"家在严陵滩下住，秦时风物晋山川。碧桃三月花如锦，来往春江有钓船。"这首诗就表达了他对故乡的一往情深。1938年，郁达夫前往新加坡参加抗日宣传工作，组织"星洲华侨义勇军"抗日。1945年，他被日军杀害于苏门答腊丛林。为了别人的土地上能扬起自由的旗帜，郁达夫再也没能回到他挚爱的富春江。

一江春水向东流，流不尽许多景，许多诗，许多画，许多情……

天目山：
千重秀

天目山地处浙江省杭州市西北部临安区境内，浙江、安徽两省交界处，距杭州84千米。天目山原名"浮玉"，因东西两峰顶上各有一处池水，常年不干，宛若一双明亮清澈的巨目仰望天空，所以改名"天目"。东天目，主峰大仙顶海拔1479.7米；西天目，主峰仙人顶海拔1505.7米。一东一西，相距数千米。天目山地形绝胜，犹如龙飞凤舞、狮蹲象踞，号称浙西诸山之母。

明代文学家袁宏道《游天目》一文中说天目山有七绝，将天目山的自然风光与文化内涵概括得十分全面贴切。七绝分别是：飞泉、奇石、雷声、云海、大树、茶叶、庵宇。且一一道来。

飞泉：山间多飞瀑流泉，最引人注目的是东天目多宝峰挂着两条遥遥相对的瀑布，像万马奔腾，像双龙飞跃，气势非凡。

奇石：山上奇石累累，或石色苍润，或石径曲折，或石壁耸峙。郁达夫在《西游日录》里，用了许多笔墨写这里的灵石怪岩，还说："到了西天目，而不到此地来一赏附近的山谷全景，与陡削直立的峭壁奇岩，才叫是天下的大错。"

雷声：据说，天目山上雷电大作时，能听到云中隐隐如婴儿的声音，却感觉不到雷震，十分神奇。

云海：天目绝顶，常年云雾笼罩，白净如绵，奔腾如浪。置身绝顶，犹如身临海上，银涛万顷。

大树：天目山是大树的王国。有全国最高的达57米的

▶天目山是树的王国。每当金风一起，树着秋色，山舞彩衣，此情此景令人沉醉。

金钱松，整个老殿景区的树木几乎都是30米以上的乔木，胸径1米以上的柳杉就有400余棵，胸径2米以上的柳杉有19棵。当年乾隆皇帝二上天目，曾用玉带为一棵五人合抱的柳杉测围，并封它为"大树王"。

茶叶：天目山的茶在唐代已经相当出名。"茶圣"陆羽在湖州著《茶经》期间，曾到天目山考察茶叶。诗僧皎然在

品饮天目青顶茶后，赞叹头茶的香味远远胜过龙井。

庵宇：天目山有"灵山"之称，是一座佛、道教都曾经盛极一时的名山。道教传入天目山约在公元前100年，王谷神、皮玄耀隐居山中修炼丹道。东汉时，道家大宗张道陵在天目山、江西龙虎山一带隐迹高居，学长生之术。佛教自东晋传入天目山，鼎盛时期全山有寺院庵堂50余座，僧侣千余人。建于1279年的狮子正宗禅寺和建于1425年的禅源寺，都是江南名刹。

抗日战争期间，天目山和浙江人民一起经历了峥嵘岁月。1939年3月，时任军事委员会政治部副部长的周恩来，由浙江省主席黄绍竑陪同巡视浙西前线。24日上午，周恩来到禅源寺百子堂参加浙西临时中学开学典礼，并向在场的1500余人做了《抗战的现状与展望》的长篇演讲。在他的号召下，群情慷慨，抗日歌声澎湃。

1941年9月15日午后2时许，七架日机突袭禅源寺，狂轰滥炸之后，又投掷燃烧弹，数百年的苦心经营、几代人的心血瞬间化为灰烬。1943年10月，日军分七路奔袭天目山区，遭遇浙西抗日军民的顽强阻击。日军进至离禅源寺5千米的东关，终于全线溃退。

宛若一双永远不寐的眼睛，天目山日夜守护着浙西一方水土，以千重秀、十里深的灵山之姿，光照千秋。

径山：

茶禅一味

　　径山在杭州西面，地处余杭长乐镇，是天目山脉的东北峰，因为山上有东西两径，得名径山。

　　清代魏源描写径山的诗句颇富情致："左泉右泉照石影，出谷入谷聆泉声。远山青绿近山碧，大泉钟磬小泉琴。"诗中之景左右映照，出入自如，远近呼应，大小相形，描摹出径山的泉清、谷深、山碧，和着山中禅寺钟磬声声，让人心旷神怡。

　　768 年，唐代宗命高僧法钦在径山上建立佛寺，从此径山就以佛教圣地闻名于世。南宋时，朝廷对江南禅院进行排位，径山兴圣万寿禅寺列为五山十刹之首，被誉为"天下东南第一释寺"。

　　茶能解渴、消乏，中国古代的僧侣为了在修行时能总是保持清醒的念头，都很注重饮茶，因此名山古刹往往自己种植茶树、制作茶叶，以供饮用。径山茶相传最早就是由法钦手植，用以供佛，以后广为种植。因为径山气候、环境的独特与优越，径山茶拥有"天然味色留烟霞""氤氲香浅露光涩"的清绝风味，而被世人誉为"真绿、真色、真香、真味"。山上多泉，泉清水冽。唐代"茶圣"陆羽对径山茶曾作两次考察，寓居径山双溪的将军山清泉左近，挹泉烹茶。

▶径山迤逦奔驰，山色青碧。最妙的是在幽幽梵唱中，敛容危坐，细品禅茶，感受"此中有真意，欲辨已忘言"的悠然心境。

后人把这泓清泉叫作"苎翁泉""陆羽泉",以示纪念。北宋翰林院学士、品茶达人蔡襄游览径山时,曾汲泉煮茶。他称赞径山的泉水很清、茶叶很香,令人顿时忘却疲乏。

径山的高僧们不但精于种茶、制茶,而且将茶与禅相结合,发展出一套程序严格、仪式庄重的茶宴、茶礼。举办茶宴时,众佛门子弟围坐"茶堂",依茶宴的顺序和佛门教仪,依次献茶、闻香、观色、尝味、瀹茶、叙谊。这便是以

兼具山林野趣和禅林高韵而闻名于世的"径山茶宴"。

著名的日本茶道即源于径山茶宴。南宋时，日本僧人圆尔辨圆到径山求法，回国后将在径山学到的茶宴、茶礼加以发展，并广为传播。茶礼流传民间，后发展为通过品茶艺术来接待宾客、交谊、恳亲的特殊礼节，即日本茶道。

岁月悠悠，径山的唐风宋韵余韵不绝。在径山诸峰环抱之中，茶的风味醇厚芬芳、禅的意味绵久悠长。

湘湖：

处子之湖

湘湖与西湖，一个在萧山西，一个在杭州西。钱塘江从萧山闻家堰至杭州闸口一段，江流蜿蜒曲折，形似反写的"之"字，因此人们把这段江道称为"之江"，湘湖和西湖就成了"之江"南北的姐妹湖。它们原本同为东海海湾，又先后与大海分隔，形成潟湖，可见鸿蒙开辟之初，两湖还真是"一母所生"，但是气质截然不同。

2002年，在湘湖跨湖桥发现一叶8000年前的独木舟，真是大大地惊艳了世界。因为这是目前为止发现的人类使用最早的独木舟，可见8000年前浙江先民就已经掌握了超级前沿的水上技术，可以驾着一叶扁舟在湘湖上自由来去。

春秋末期，湘湖一带属于越国疆域，是吴国和越国相争的主战场之一。越国在湘湖城山筑有固陵城。越国与吴国都擅长水上作战，它们在湘湖大战一场，以越国失败告终。后来越国一败再败，所以才有越王勾践卧薪尝胆以及西施入吴这样的后续故事发生。

苏轼将西湖比作西施，人人以为绝配，但是西施和西湖似乎并没有什么直接的关系。倒是湘湖，那可是西施"曾经换舞衣"的地方。美女西施就是在湘湖之畔脱去布裙荆钗，换上锦衣华服，抱着复国的使命，告别故土，成为吴王阖闾的宠妃。

这样一路说来，在上古和中古时期，湘湖显然比西湖显赫得多。可是后来，西湖得到名人雅士的青睐，名扬天下。被这位阔绰的姐妹一衬托，湘湖落寞了。善于写掌故的郑逸梅就很感慨："和杭州一水之隔的萧山有个湘湖，那风景胜迹，不在西湖之下，却湮没不彰。"

单论风景胜迹、名人题咏，湘湖比起西湖又如何呢？人说西湖是"三面云山一面城"，湘湖则是四周青山屏列，青螺翠黛，各呈其姿。湘湖东岸有西山，传说东晋名士许询在山中居住，萧然自适，所以又叫作萧然山。山上不仅景物秀

▶波澜不兴，静若处子。

美，而且有白龟井、净土寺等名胜。净土寺的门联由徐渭所撰、祁豸佳所书："千家郭外西天竺，万顷湖边小普陀。"湘湖南岸的石岩山，岩石裸露，山势险峻。有先照寺、一览亭，为宋、明时期建造。另外还有木尖山、杨岐山、小砾山等等，不一而足，都是景致清佳，妙趣天成。

西湖分外湖里湖。湘湖则分上湖下湖，上湖壮阔，下湖秀媚。山中有湖，湖中有山。张岱说西湖只有一座湖心亭，好像眼中黑子，但是湘湖多的是小墩、小山，点缀水面，显得特别奇峭。

西湖有两个知音——白居易、苏东坡，都是文豪词宗级别的人物。其实，当年疏浚湘湖的萧山县令杨时名气也不小。他是北宋名儒、大理学家，世人叫他"龟山先生"。和文采飞扬的白、苏二人相比，学问家自然比较低调、内敛，但他那首吟湘湖的《新湖夜行》也写得简淡清远："平湖净无澜，天容水中焕。浮舟跨云行，冉冉蹑星汉。烟昏山光淡，桅动林鸦散。夜深宿荒陂，独与雁为伴。"

张岱曾经这样比拟：湘湖是羞涩的处子，鉴湖是名门闺淑，西湖则为曲中名妓。然而二十世纪二三十年代，寂寞的湘湖之畔却产生了一所著名的学校——湘湖师范学校。湘湖师范学校是杰出的教育家陶行知先生创办的，实际领导者则是陶先生的高足金海观校长。金校长放弃了城市的舒适生活，来到偏僻的湘湖办学，是为了实践陶行知先生"教学做合一"的教育理念，实现普及乡村教育的远大理想。艰难时世中，师生们一起努力，陶行知倡导的乡村教育运动从试验到推广，在湘湖之畔生根开花，也在中国现代教育史上写下了浓墨重彩的一页。

鉴湖：

山川映发

出绍兴城，西行一千米，有一条东西走向的水道，看上去不过是很普通的河流，却是江南古老的大型蓄水工程古鉴湖残存的遗迹。

南宋以前的鉴湖，横亘一百六十里，含山吞江，气势浩荡。有人说杭州之有西湖就好像人有眉目，绍兴之有鉴湖就好像人有肠胃，可见鉴湖对绍兴这座城市的重要性。和西湖一样，鉴湖也不是天生的。如果说西湖的开发是杭州一代代有为官员不懈努力的结果，鉴湖的开发则谱写着马臻以生命为代价的悲壮故事。

140年，东汉的马臻任会稽太守，治所在山阴，也就是今天的绍兴。他见境内水涝为患，人民深受其苦，就组织民力改造水体，形成了170多万平方千米的鉴湖。鉴湖建成之后，兼有灌溉、蓄洪、防止咸潮内侵和内河航行等综合功能，使绍兴从"荒服之地"一跃成为"鱼米之乡"。

马臻筑湖，建立了不朽功勋，却因为湖水淹没官宦豪强的土地，招致忌恨。他们联名上书，网罗罪名，马臻被朝廷下诏五马分尸。绍兴百姓冒着生命危险，将他的遗骸运回，立祠祭祀，礼葬于鉴湖之畔。

鉴湖，又称镜湖。它虽由人作，宛若天开，碧波万顷，晶莹如镜。它的开辟使早年有"穷山恶水"之谓的会稽山从此面目一新，如蓬头村女华丽转身为"艳色天下重"的美人西施。晋代大画家顾恺之盛赞此地风光，说："千岩竞秀，万壑争流，草木蒙茏其上，若云兴霞蔚。"这成为对会稽山水的经典描绘。诗仙李白也忍不住"抄袭"顾恺之的美句：

"万壑与千岩，峥嵘镜湖里。"

西晋永嘉年间，匈奴人攻破洛阳，俘虏晋怀帝，史称"永嘉之乱"。大量北方人口为避战乱从中原迁往长江中下游，史称"衣冠南渡"。在饱尝极权的压抑、战争的荼毒之后，美丽轻柔的江南风光抚慰了那些受伤而敏感的心灵，使他们渐渐走出创伤，在稽山鉴水中获得了长久的慰藉、心灵的解脱。而他们的回馈是丰厚且独特的。稽山鉴水间，流转着轻吟与长啸；山阴道上，飘拂着轻裘和缓带。东山高卧、右军换鹅、雪夜访戴、兰亭雅集……山容水色写不尽"魏晋风度"。

永和九年（353）农历三月三日上巳节，一群文人在会稽山阴之兰亭，举行了一场修禊仪式。修禊，是古代的一种民间习俗，在三月三那天，大家群聚水边，洗手濯足，以被除不祥。正值百花争艳的美好春天，天朗气清，惠风和畅，崇山峻岭，茂林修竹，清流激湍，映带左右。王羲之与谢安等42位高士，列坐水边，仰观宇宙之大，俯察生物之盛。盛着酒的羽觞从曲水顺流而下，流到谁的面前，那人就得即席赋诗，不然罚酒三杯。如此一共写了37首诗，集结为《兰亭集》。王羲之当场挥毫作序，这就是书法、文辞都达到美之极致的《兰亭集序》。

随着时代的变迁，鉴湖的面积不断缩小，浩渺烟波化作江南小桥流水人家的寻常景致，士大夫的风雅淡逸消失在历史的漠漠烟尘里，取代它的是平民百姓实实在在的世俗生活。少年鲁迅眼中所见的鉴湖两岸，与前人眼中的风貌已经大异其趣："乌桕，新禾，野花，鸡，狗，丛树和枯树，茅屋，塔，伽蓝，农夫和村妇，村女，晒着的衣裳，和尚，蓑笠，天，云，竹……都倒影在澄碧的小河中……"

鉴湖的如画风光安放着诗人幽思与世俗情怀，也沉淀着壮怀激烈与慷慨悲歌。大禹治水三过家门而不入的传说在这里长久流传。越王勾践卧薪尝胆，终于灭掉吴国，写就了一段越国雪耻复兴的辉煌历史。家国情怀一脉相承。近代，这里走出了英勇就义的反清斗士徐锡麟，"鉴湖女侠"秋瑾，提倡"思想自由、兼容并包"的北大校长蔡元培，"我以我血荐轩辕"的大文豪鲁迅……

鉴湖两岸，山川映发，英才辈出，使人应接不暇。

若耶溪：
幽意无断绝

　　若耶溪，是绍兴历史上得名最早的一条河流。它有三十六条支流，支流上有无数的细流，汇集到一起，才形成若耶溪，然后向北流入鉴湖。"若耶"两个字，现在很少人能讲得清到底是什么意思，可能是当时越人的土语、方言，是一种语气词。虽然莫名其意，但是读起来，唇齿之间却别有一番江南软语的味道，很是温柔、很有情致。

　　若耶的名字古老，历史也古老，它在很久以前就被人所知了。因为若耶溪旁的宛委山，有阳明洞天，据说是大禹登天梯、获得了治水方法的地方。早在一千七八百年前，北方士人因为战乱播迁越中，他们的生命因这片美丽的山水而得以安顿，山水也因他们而生辉。南朝诗人王籍因为一首《入若耶溪》而在诗歌史上享有盛名。其中"蝉噪林逾静，鸟鸣山更幽"一句，以动写静，以有声写无声，将自然万象的幽静岑寂写到了极致，自古被认为是传神之作。

幽幽若耶溪，曾经映照青春的欢颜、劳作的倩影。李白写过《采莲曲》："若耶溪傍采莲女，笑隔荷花共人语。日照新妆水底明，风飘香袂空中举。"还写道："耶溪采莲女，见客棹歌回。笑入荷花去，佯羞不出来。"若耶溪上的青春少女，一边采莲，一边隔着荷花与同伴笑语。明媚的笑颜倒映在溪水中，轻盈的衣袂拂动阵阵荷花香。看见游人倾慕的神色，却含羞躲进荷花深处。元代萨都剌诗云："采莲日暮露华重，手滴溪水成葡萄。"从越女纤纤素手中滴落下来的溪水，在诗人眼里都幻化成晶莹的葡萄。唐代孟浩然诗曰："白首垂钓翁，新妆浣纱女。"浣纱、采莲并非娱乐，而是越女惯常的劳作，尤其是浣纱，是一项非常辛苦的工作。然而旖旎的溪上风光掩映着越女的楚楚风致，是如此打动诗人的心，使他们深深沉醉呢。

幽幽若耶溪，曾经映照复国的伟业、利剑的寒光。若耶溪流经平水镇，这一带有铜矿，著名的铸剑师欧冶子就在这里铸造宝剑。现在的平水铜矿附近，还有铸铺山和欧冶大井遗址。春秋时期，越王勾践惨败于吴王夫差之后，发誓雪耻复国。他表面上对吴国恭顺臣服，但是暗地里却积极发展农桑，积蓄力量，同时大力发展军事工业，增强军力。在青铜兵器中，越国人最擅长制造宝剑，其击剑法和铸剑术闻名全国。欧冶子就曾为越王勾践铸造湛卢、纯钧、胜邪、鱼肠、巨阙等五把大小不同的青铜宝剑，都"风吹断发，削铁如泥"，五剑齐出，五色毕现。李绅诗云："岚光花影绕山阴，山转花稀到碧浔。倾国美人妖艳远，凿山良冶铸炉深。"山色与花影、名剑与美人，编织出一段绚丽迷人的历史往事。

幽幽若耶溪，曾经映照从流的画舸、诗人的青衫。如画溪山、如花越女、独特的风土人情、春秋时期雄霸天下的越国历史等等，这些都牵引着诗人南下的脚步，他们为若耶倾倒、为若耶吟唱，使之深深镌刻在中国古典诗歌史上。唐代独孤及的"万山苍翠色，两溪清浅流"，宋代王安石的"汀草岸花浑不见，青山无数逐人来"，明代王思任的"沿溪轻棹去，不仅是湾湾。伴鹤凉风远，扁舟红叶间"，都非常清新自然，天然去雕饰。

众多的诗词中，最能体现若耶溪韵味的则公认是唐代綦毋潜的《春泛若耶溪》："幽意无断绝，此去随所偶。晚风吹行舟，花路入溪口。际夜转西壑，隔山望南斗。潭烟飞溶溶，林月低向后。生事且弥漫，愿为持竿叟。"春天的黄昏，我驾着扁舟，从一条开满鲜花的路，划进若耶溪，一路上幽意绵绵。我的船随波漂荡，转过了一座座山，隔着山看到了天上的南斗星。水潭上空弥漫着轻烟，月亮慢慢地下沉，比树林低了。世间的事情很嘈杂很迷茫，不如就在这可爱的若耶溪上做一个钓鱼翁吧。

沃洲湖、天姥山：

眉眼盈盈处

唐代诗人白居易曾说，沃洲、天姥就好像东南山水的眉目一般。他的意思是，在人的五官中，眉目最能顾盼生辉，最善传情达意，可见有了沃洲、天姥的点染，秀美的东南山水更加流光婉转，神采飞扬。

从前的沃洲，是一片四面环水、烟树迷离的绿洲，水美土肥，周围百姓生活富足，它也因此得名。沃洲不单盛产秀媚甘甜的花果，还养育出一派魏晋风度、一种盛唐气象，果然是一方肥沃的土壤。晋代永嘉南渡以后，这个方圆不过45平方千米的区域，栖止着白道猷、竺道潜、支道林等十八高僧，戴逵、郗超、孙绰、王羲之等十八高士。他们的身边还聚集着如云的跟随者，冠盖云集，群贤毕至。果真是非常之境，栖息着非常之人。

先说"非常之境"。沃洲地处天台山、会稽山、四明山这三座浙东名山的腹地。周边佳境无穷，沃洲山白云深锁，剡溪幽曲，东峁山水帘飞瀑如"乱泉飞下翠屏中"。与战乱频繁的北方相比，沃洲是如此祥和、静谧；与山川阻隔的闽粤相比，沃洲又是那么安逸、富庶。而且由于剡溪与江南运河连接，直通当时的政治中心南京，交通相对便捷，和文化中心、政治中心的距离可谓是不远不近、不即不离，既让高

▶ 碧水凝烟，青山如屏，这美丽的风光中曾经荟萃了几多魏晋风骨盛唐气度。（戎蓓蕾摄）

僧名士逃离压抑的政治氛围、动荡不安的社会局面，寄情山水之间，又能够方便地获取信息，交流思想，传播文化。

再说"非常之人"。魏晋士人、僧道在中国历史上形成了一个非常独特的群体，他们容止超凡、蔑视礼俗、倜傥不群，崇尚精神自由。十八高僧中的竺道潜、支道林就是这种人格的典范。竺道潜，是东晋大将王敦的弟弟，德高望重、学识渊博，视富贵如浮云，隐居于沃洲东岕山，潜心修道。支道林想出钱向他购买一块东岕山地皮，他慷慨地说："来了就给，从未听说过巢父、许由买座山来隐居的。"支道林于是得以在山侧建起一间沃洲精舍。支道林同样是个有趣的人物。他谙熟老子、庄子学说和佛理，是一代高僧，可是又喜欢蓄鹤、养马，尽显名士派头。有人说和尚养马不合适，他回答，和尚我就喜欢这马的神气。有人送鹤给他，他心下喜欢，却又对那鹤说："你本是冲天之物，怎么可以沦为我的玩物？"就把鹤放了。沃洲有养马坡、放鹤峰，典故都出自支道林。

时光流逝，东晋士人的人生态度、精神世界却在这片山水之中沉淀下来，当年热爱沃洲风景的人本身也成为一道风景线。到了唐朝，一拨拨文人、僧侣倾慕前朝风致，络绎前来。据统计，《全唐诗》作者中有百分之二十的诗人的足迹到过天姥山，天姥山已然是诗人心目中的灵山圣地。大诗人李白在极度的失意之中，写下了亦梦亦真、辉煌壮丽的《梦游天姥吟留别》。它既代表着李白人生姿态的巅峰境界，也象征着中国文人追求精神自由的理想境界。天姥山，就在这首旷世杰作的推动下，攀上了它的文化高度。

在沃洲近两千年的悠长历史中，最惊艳世人的应该是那条在山水之间逶迤而行的"唐诗之路"吧。魏徵、沈佺期、宋之问、李白、杜甫、刘长卿、白居易、方干、罗隐……这一连串闪光的名字，以及他们一路抛洒下的光辉诗篇，如天女散花，缤纷灿烂。

如今，山还在，人已远。但是，来此处寻觅魏晋风度、盛唐气象的人分明在美丽如初、眉眼盈盈的山水之间听到了历史的悠悠余响。

天台山：
出世入世间

浙东有一座山，雄奇俊秀，绵亘于东海之滨，因为此山正对着天上的台宿即三台星，故而名为"天台"。晋朝孙绰曾经热情洋溢地写下一篇《游天台山赋》，认为天台山穷尽人间风景之壮丽瑰奇，并为天台山因为路途遥远崎岖不为世人所知、没有位列五岳之尊而深感不平。

进入唐代，诗人们络绎不绝地踏上了浙东之路，无论是水上行舟，还是陆路吟鞭，他们的目的都指向同一个地方——天台山。

"龙楼凤阙不肯住，飞腾直欲天台去。"谪仙人李白满怀豪情，仗剑入京，短暂的春风得意之后就饱尝失意寂寞。长安居，大不易，不如归去。但是，为什么他的归乡之路直指天台？

是揽胜？诚然，天台山水神秀，众美具备。白云归处，云顶山宛如莲台端坐千重莲花间。丹霞蔚起，赤城山好似城郭连绵不绝。石梁险峻，飞瀑纷纷。花坞曲折，环佩叮咚。深洞杳渺，危崖壁立。芳草迷离，碧树参差。正宜诗人纵情山水，寄迹林泉，抚慰那宦途失意的心灵。

是寻仙？相传东汉刘晨、阮肇入山采药，在清溪旁、桃树下，遇到两位仙女，互生爱慕，结为连理。后来刘、阮二人思乡回返，却发现山中一日，世上千年，家中早已物改人

▶"佛宗道源"天台山，曾经是无数盛唐诗人心中永恒的乡愁。（丁必裕摄）

非。二人再回山中，已经难觅桃源路。"春来遍是桃花水，不辨仙源何处寻"，只留下美丽得令人惆怅的传说，更引发诗人绮丽的想象。

浪漫的诗人幻想能够追逐绿野仙踪，而天台山确实是宜于养生延年的洞天福地，山中遍布灵芝瑞草，最适合采药治病，著名道士葛玄、葛洪、陶弘景等都曾在此修行。

被誉为佛宗道源的天台山，佛缘与道源一样久远。北周时，大批游僧南下，智𫗧是其中的佼佼者。他率徒在天台山说法讲经多年，饱尝艰辛，创立天台宗，被称为智者大师。在天台国清寺中，相传为智者大师的弟子手植的梅树至今仍然生机勃勃，千年之后，依然为世人传送着脉脉清芬。

许许多多的诗人远道而来造访天台山，并为它留下了美好的诗篇，复又飘然远游。诗僧寒山则隐居天台七十多个春秋。他厌离人世，独自清修苦吟，觅得诗句，就随手题于树上石上。"杳杳寒山道，落落冷涧滨。啾啾常有鸟，寂寂更无人。淅淅风吹面，纷纷雪积身。朝朝不见日，岁岁不知春。"诗人的生活虽然冷清却也逍遥自在。寒山与另一名僧人拾得的友谊也是一段千古佳话，清代的雍正皇帝亲口御封他们为"和合二圣"。更令人惊奇的是，寒山的大名和诗句还远播海外，不但在日本受到狂热的喜爱，甚至影响了整整一代美国人，被"垮掉的一代"视作东方始祖。

心灵疲倦的人们在天台的山水和道场中找到梦中的家园，获得安慰，洗净尘埃之后重新出发；幽居天台的修行人不屑于世间名利，却也心系苍生。无论是出世与入世，都在大美不言的天台山水中，圆融无碍。

神仙居：
神仙宅邸

中国古人对神仙的世界特别着迷，或者说天界之人独爱神州山水，所以神州大地上但凡景色佳秀的山水总少不了神仙的踪迹与传说。然而，像浙江仙居这般直接以神仙的居所来命名的，并不多见，而且这名字还是皇帝亲口御封的呢。

仙居因为永安溪纵贯西东，曾名永安。1007 年，宋真宗以其"洞天名山，屏蔽周围，而多神仙之宅"，下诏改永安为仙居。

仙居绝非浪得虚名。先说几个与神仙故事有关的成语，比如"一人得道，鸡犬升天""东海扬尘""沧海桑田"，故事的发生地就在仙居。住在仙居西门的王温，为人乐善好施。有一次，他用新酒治愈了两名云游而来的浑身长癞疮的人。王温全家人喝了那剩下的酒后，竟白日升仙而去，连鸡鸭猫狗都跟着升天。神女麻姑和神仙王远是故交，他们一起到仙居的蔡经家饮酒作乐。麻姑对王远说："自从上次我们见面以来，东海已经三次变为桑田。刚才到蓬莱仙岛，见东海水又比过去浅了，时间大约才过了一半，难道又要变成丘陵和陆地吗？"王远笑道："圣人都说，东海又要干涸，行将扬起尘土呢！"再说韦羌山石壁上有刊刻的蝌蚪形文字，高不可识。山有石室石窗。晴暖的春日，上山砍柴的樵夫经常能听到美妙的箫鼓笳吹之声。可见，神仙们是多么钟情于仙居这块土地呀。他们在这里度化良人，使他们位列仙班。他们还在这里故友重逢，把酒言欢，闲谈着时空变幻人事变迁这样辽远神秘的话题。他们又在这里歌吹鼓乐，将美好春光尽情拥有。仙居凭什么打动这些潇洒出尘的仙人，使他们乐意在此安家落户呢？自然是因为这里有一片"流水桃花""白云鸡犬"，秀出尘寰的山水。

　　仙居的母亲河永安溪，安详地流过村庄、田畴、山野。清澈澄碧的溪水，倒映着曲曲如画、重重似屏的青峰绿嶂。都说仙居的山很奇特，兼有雁荡之奇崛，天台之幽深。自县城出发，逶迤西行，无论横贯北境的大雷山，还是南脉括苍山，皆崇岗峻岭、绵延不断。唯独神仙居周围的众山与其他山刀切斧削般割裂开来，耸然独秀，一山有一山的风格，一峰有一峰的意象，一石有一石的传奇，就好像元人山水画一样，千丘万壑，愈出愈奇，重峦叠嶂，越深越妙。清代的潘耒在他的游记里描写了他所见到的仙居的山：比如方岩，远看就好像一座广大坚固的城一样，近看才知道山是由无数石笋攒列成城，各有姿态，秀色颖异；景星岩，横截天际，如空中蜃楼，奇艳夺目；侧近的韦羌、挂榜诸山，贡盂、抱儿诸岩，都崚嶒耸特，百态千形。

潘耒游踪所不到的，尚有许多。单说"薜萝深处"吧，薜萝，指隐者的衣服，借指道家修炼之所。"薜萝深处"地处韦羌山尽头，沿着狭长的小道向山谷纵深处行即可来到此处，仿若踏入一个万籁无声的幽秘世界，使人尘虑一空。韦羌山有幽竹深松、空谷清涧，最适合怡情养性。仙居人柯九思，字敬仲，号丹丘，是元代著名诗书画三绝的大家。他在朝廷遭受排挤，弃官回家，就在这里读书画画写字。朋友倪瓒遥寄诗一首，诗题《题韦羌草堂》："韦羌山上草堂静，白云读书还打眠。买船欲归不可去，飞鸿渺渺碧云边。"说起柯九思，名句"杏花春雨江南"也和他有关，出自虞集《风入松·寄柯敬仲》，最后一句是："报道先生归也，杏花春雨江南。"这些诗作都透露着朋友们对归隐深山的柯九思的思念与羡慕之情，也传递出对仙居山水的神往之意。此外，仙居山水还哺育了晚唐著名诗人也是成语"逢人说项"的主角项斯，以及宋代世界上第一部食用菌专著《菌谱》的作者陈仁玉，明代不畏强权、勇斗严嵩的左都御史吴时来……

　　神仙来也、先生归也。此处山水有灵且美，可安放神仙之宅，可寄托凡人之躯，众仙云集，群贤毕至。虽然他们的生命形态就好像仙居诸山一样，各个不同，但是都无不守着一份心底的安然与自足。

东钱湖：
流金之湖

东钱湖地处宁波，它有着八十一岭环抱，七十二溪流注，三十六村错落。山水交相辉映，好景无穷。湖上众岭环合，玲珑耸翠，晓烟笼树，碧水连天，轻鸥掠浪，渔歌互答。

东钱湖的开发最早可追溯到唐代。它是远古时期地质运动形成的天然潟湖，也是浙江省内陆第一大湖。唐代天宝年间，陆南金出任县令。他将湖西北部几个山间缺口筑堤连接，形成了人工湖泊，又筑塘8条、堰4座以增加蓄水量。"钱湖佳胜万山临，映水楼台花木深。开拓平畴八百顷，不知谁祀陆南金。"这首诗就是追忆陆南金的开拓之功。

古代中国以农业立国，历代有作为的地方官无不重视水利，然而水利建设却往往不能一帆风顺。西湖能有后来的规模，仰赖于薪尽火传、持续不辍的疏浚。东钱湖的兴废之争同样在历朝历代几乎没有停息，所以每隔一段时间，总有地方官员力排众议，苦心经营，终为百姓留下一湖珍贵丰美的水。这其中名气最大的是宋代的王安石。

1047年，27岁的王安石出任鄞县县令。这年11月，他冒着风寒、踏着冰霜，对鄞县做了深入考察。这次考察的结果促使他下决心整治东钱湖。就在第二年，他组织和率领十余万民众，清除葑草，立湖界，起堤堰，决陂塘，整修七堰九塘，限湖水之出，捍海潮之入。自此，无数农田得到清流浇灌，岁岁丰收。

经过一番精心收拾，东钱湖如古镜新研，粲然可观。这也激发了作为诗人的王安石的创作灵感。"海上神仙窟，分明作画图。山云连太白，溪水落东湖。"这是他为湖上的二灵山所作。"太白崐岚东南弛，众岭环合青纷披。烟云厚薄皆可爱，树石疏密自相宜。"此则以湖上太白岭为歌咏对象。

经过数代人的努力，东钱湖的水利功能得以持续发挥作用。环湖基本形成7堰11塘4闸1斗门格局，且有72条山溪之水潺潺不断地灌注入湖，成为一个极为重要的水利蓄泄和调节系统，保证了当地农业生产的精耕细作，旱涝保收。东钱湖水灌溉了鄞县、奉化、镇海等数十万顷农田，使环湖农田岁岁丰登。宁波过去有句俗话："田要东乡，儿要亲生。"东乡的田，年年高产，靠的就是东钱湖水，故而东钱湖又有"万金湖"之名。

宋元以来，东钱湖畔成为官宦士子躬耕、勤读之地。环东钱湖一带，至今还遗存着东书院、月波书楼、二灵书房、天境亭、烟波馆、醉碧楼、钦赐御笔金石等名胜古迹。其中最为人珍视的当数南宋石刻群，它们是石刻艺术的典范之作，被誉为"江南兵马俑"。

南宋一朝，东钱湖史氏家族掌握朝政数十年，一门三宰相、四世两封王、五部尚书、七十二进士，荣宠富贵，无以复加。为了延续和守护家族辉煌，他们在家族墓葬之所筑建了一组气势恢宏的石刻造像。如今百年基业早已灰飞烟灭，只有这些高高低低、大大小小的石人、石马、石虎、石羊永远地保留下来。它们忠实地伫立在东钱湖畔，数百年来栉风沐雨，静穆无言，如同繁华落尽后的寂寞背影，令人不由得去追想一段失落的历史，一个王朝的偏安之梦，一个家族登峰造极的权势之路。只不过，无论是绚烂至极还是悲剧以终，最终都融入平静的东钱湖水中，化作历史泛起的一圈涟漪。

东钱湖，凝聚几多风云，创造几多财富，沉淀几多人情。东钱湖，前尘影事，浮光跃金。

四明山：

山有光

"四明三千里，朝起赤城霞。日出红光散，分辉照雪崖。"诗仙李白挥舞一支生花妙笔，将神采奕奕、流光溢彩的四明山呈现在世人面前。

是的，四明山正是一座"有光"的山。这光，是宇宙神光，日月星光。四明山周回八百里，二百八十峰，其中四窗岩中有四个岩洞，洞洞相通，四面玲珑，每当天清气朗，望之如承接日月星辰之光的四扇窗户，因此叫四明山。

这里有古洞潺潺，白鹤低翔；春雨碧桃，秋风琪树。葛洪、司马承祯、陶弘景、施肩吾等著名道人在此留下了炼丹遗迹。痴迷长生之术、道家学说的宋徽宗对此山自然也兴趣盎然。他下令在四明山潺潺洞扩建祠宇观，并题写"丹山赤水洞天"的匾额，悬挂在祠宇内。从此，四明山赫然名列道

家第九洞天、第六十三福地。

在唐代诗人穿越浙东腹地、直上天台的诗意漂泊中，四明是他们的中转站。他们在这里惆怅——"自从刘阮游仙后，溪上桃花几度红？"在这里酣眠——"自恨一生多癖病，四明山好懒开窗。"在这里梦回——"依然梦断四明山，花信风里怜梅雨。"在这里醉歌——"时尽一壶歌一

▶ 俨然屋舍，为神光离合的四明山带来几许人间气息。

曲，任渠唤作地行仙。"四明山在层层诗意的累积中，绽放着迷人的光彩。

四明山是明末大思想家黄宗羲的故乡。当清军南下攻城略地之时，为了挽救即将倾覆的大明江山，黄宗羲在四明山组织了一支队伍，来抵挡清军的铁蹄。不幸的是，最后他失败了。黄宗羲此后便一直隐居在四明山中著书立说，为中国文化史增添了厚重的一笔。

四明山未能挽大明狂澜于既倒，却在抗日战争中立下了不朽的功业。当年共产党领导的抗日武装力量来到四明山梁弄一带，发现这里的四明山余脉形成了天然屏障，进可以控制浙东大片平原，退可以辗转于八百里巍巍四明，易守难攻，可进可退。1943年4月23日，以何克希等为领导，分三路进攻梁弄，在狮子山与日军鏖战。这一役，八百多名将士牺牲，为解放梁弄、开创全国第十九个革命根据地奠定了基础。

在四明山险峻的羊额岭下，有一个不到一百户人家的小山庄，叫横坎头。这里，曾先后驻扎过新四军浙东纵队司令部、政治部、中共区党委和浙东行政公署等机关，领导和团结了浙东敌后抗日军民。在横坎头村有一个安山岭，岭上有九棵高大挺拔的松树，岭下是当年的浙东区党委所在地，也就是横坎头反击战的战场，这九棵松树因而被称为"红岗劲松"。

在残酷的战争岁月里，怀抱着"驱逐日寇、创造新中国"的理想信念，战士们在抗日军政干校阅读《论持久战》，出版《新浙东报》，创办浙东鲁迅学院，经营韬奋书店。四明山见证了一个用青春和热血铸就的红色年代。

丹山赤水，四目通明。日月之行，若出其中；星汉灿烂，若出其里。更有碧血丹心，使大地重辉。奇哉，四明之目！壮哉，四明之光！

雪窦山：

溪山如玉

奉化剡溪，古名剡源。碧玉一样清澈凝绿的溪水，蜿蜒流出山麓，清丽绝尘，宛若世外仙境。剡源有九道曲，这九处胜景分别叫六诏、跸驻、两湖、臼坑、三石、茅渚、班溪、高岙、公棠。曲曲如画卷，曲曲有来历。其中最为著名的是六诏，它位于西剡与东剡的交接地带，溪水潺潺、山峦葱秀，大书法家王羲之辞官后曾一度在这里隐居。晋穆帝司马聃的六道诏书，召他回朝做官，都动摇不了他归隐的决心。

九曲曲终，就是古镇溪口的所在地。镇东翘角飞檐的武岭城楼是进出溪口的门户，城楼东西两面楼额都镌刻"武岭"二字。武岭路三里长街，次第散列着小洋房、文昌阁、蒋家宗祠、丰镐房、玉泰盐铺、武岭公园等许多与蒋介石父子有关的旧迹故地和大量清末民初的商号、民居，高低错落，中西合璧。

1924年清明，时任黄埔军校校长的蒋介石回乡扫墓，见武岭之巅的文昌阁破败不堪，于是出资重建，改其名为乐亭，寓意与家乡父老朝夕同乐。蒋介石和宋美龄结婚后，每次回到溪口，就在此小住，文昌阁成了他们的私人别墅。

小洋房，因所用的建筑材料水泥在当时被称为"洋灰"而得名。1937年4月，蒋经国从苏联留学回国，蒋介石安排其在此住读。蒋经国在日记里将其记为"涵斋"，意为"修炼身心、增加涵养的书斋"。1939年12月12日，日本侵略者的飞机轰炸溪口，蒋经国的母亲毛福梅不幸在丰镐房后门口被炸塌的后墙压死。蒋经国闻讯后从江西赶来奔丧，悲愤中挥泪写下"以血洗血"四个大字，并立石碑于小洋房一楼。

溪口镇东北，有山名雪窦，苍润峻秀，蒋介石推崇其为"四明第一山"。据记载，宋仁宗赵祯有一夜梦游天上，遇到一处奇山异水。醒来后，下令天下各州画当地名山进呈，供他与梦中之山对照。雪窦山"双流效奇，珠林挺秀"的景观，切合梦境，甚得圣心，于是宋仁宗下令重重赏赐雪窦寺僧众。在这件雅事过去约200年之后，赵祯的第九代孙宋理宗赵昀追书"应梦名山"四字，派人送到雪窦山。

雪窦山水也为历代名人雅士所钟情。在唐代诗人方干的笔下，雪窦山景是一幅淡淡的水墨画："登寺寻盘道，人烟远更微。石窗秋见海，山霭暮侵衣。"明代成化年间，日本画僧雪舟专程到雪窦山写生，回去后创作的《四季山水图》，就是以雪窦山水为原型。

雪窦寺肇创于晋代。五代时，布袋和尚长住雪窦寺，他圆寂后被信奉为弥勒转世。宋以后，雪窦寺被历代佛家奉为"弥勒应迹圣地"，渐成"弥勒道场"。近代太虚和尚提议因弥勒道场故，列雪窦山为佛教第五大名山，得到大家的响应。

1949年4月23日，人民解放军占领南京，国民党政府溃败。25日，蒋介石携宋美龄、蒋经国离开了他常住的雪窦山妙高台。在经历了一段斑驳的民国往事之后，雪窦山最终归于平淡清寂。

普陀山：

彼岸莲花

普陀原称"普陀洛迦"，取自梵文译音，是佛经所说观音居住的地方，汉语意为"观世音净土"。

普陀山好像一座海上仙山，仿佛是造物之神为人间专设的一处清凉世界。自古山与水共佳的风景胜地是不多的，所以有人说以山而兼有湖之美的，首推杭州西湖，而以山而兼海之胜，当推定海普陀。确实，普陀的地理条件得天独厚，山海相依、远离人寰的气韵与胜景令人神往。在这里，山重水复，时见庙宇嵯峨；暮鼓晨钟，应和惊涛裂石；海阔天空，更显佛土庄严。

唐代，有一位印度僧人来这里修行，并向世人宣扬此处是观音显迹圣地。916年，日本高僧慧锷从五台山迎奉观音像乘船回国，途经普陀莲花洋，被风浪阻隔。他认为这是观音不愿东去日本，只好将圣像留在岸上，跪拜而去。岛上居民用自己的住宅作为寺院，来供奉观音像，这就是现在普陀山的"不肯去观音院"。观音不肯去的故事广为流传，普陀山从此被奉为观音菩萨的应化道场。渐渐地，普陀山成为海上佛国。

唐宋以来，中外交通频繁，海上丝绸之路非常繁荣。宁波是重要的转道口岸，普陀山则是海上要冲，为出入宁波的必经之地。商旅之路风涛险恶，商人们信奉观音菩萨能现三十二化身，救十二种大难，因此备加膜拜。普陀山历代开山建寺、大兴土木正是在这一背景下出现的。朝鲜、日本、东南亚各国的船只停泊莲花洋，候风候潮，登山礼佛，以祈求航海平安。

中国历代帝王对普陀山非常尊崇。历史上共有13位帝王、19位皇后和亲王为普陀山赐金、赐田、赐经，进行修缮和扩建。其中，以康熙与普陀山因缘最深、赏赐最多。在他统治期间，普陀山进入全盛时期，拥有三大寺、八十八庵院、一百二十八茅棚，僧众三千余人，可谓是"山当曲处皆藏寺，路欲穷时又遇僧"。

　　普陀山，这座不过面积12.5平方千米的小岛，不但遍布着堂皇的庙宇，悬挂着帝王的翰墨，陈列着无数稀世珍宝，也荟萃着雅士的风流、武人的豪迈，更是无数平凡之人心灵的寄托之所。

　　普陀山有多处景观题名，诸如"莲洋午渡""二龟听法石""短姑圣迹"等等。对普陀山景观命名影响最直接的文人，当数明代戏曲家屠隆。明万历十七年（1589），他应抗

▶磐陀石（李中一摄）

倭名将侯继高之邀，赴普陀山修志，期间遍游普陀山。《普陀十二景诗》就是他畅游海天佛国风光、兴之所至的产物，至今还在流传。从屠隆题十二景开始，普陀山的许多景观才有了正式的名目。

因为地处海疆，明代抗倭名将如胡宗宪、戚继光、俞大猷、侯继高，以及清代康熙年间的镇海总兵蓝理，也在戎马征战之暇，来普陀顶礼观音。侯继高在山石上题写的"磐陀石""海天佛国"，笔力遒劲，为秀丽的山水平添了几分豪气。

盛衰无常，恩宠与浩劫相伴。千年来，普陀山经受的天灾人祸，兵燹火焚，连绵接踵。明初，朱元璋把僧人迁入内地，焚毁寺庵300余间；明嘉靖年间，倭寇占山，政府再次焚寺迁僧；清顺治、康熙年间，荷兰海盗上山掳掠，宝地残毁，清政府又实行海禁，香火中断；抗日战争时期，日寇的铁蹄踏碎了这座佛国清净地。

然而，信仰不灭，善心不泯，每次劫难之后，普陀山总会迎来一次新生，废墟上又立起巍峨宝塔，冷寂的佛龛重现香烟袅袅，僧人归山，信众来朝。无论毁灭与重生，得志与失意，无论时空流转，人世代谢，海天相接处的普陀山，如一朵庄严圣洁的白莲花，永远盛开在彼岸，在世人的心灵里。

雁荡山：
江山人物两相待

　　温州雁荡山，因山顶上有湖，湖中芦苇结为草荡，有大雁在此栖息而得名。雁荡山北、东、南三面都被海水包围，宛如漂浮在海上的一座仙山，因此享有"海上第一名山"之美誉。人说雁荡山有一百零二奇峰、六十六洞天、二十七飞瀑、二十三嶂峦。明代旅行家徐霞客曾经三至雁荡，仍难以穷尽雁荡的幽奇险绝，长叹道："只有飞仙才能穷尽雁荡的胜景。"

　　雁荡，是火与水共同谱写的传奇。一亿多年前，大地动荡不息，地火喷涌，终于将沉睡深海的雁荡拱出地面。在后来的漫漫岁月里，水与阳光、季风一起，雕刻着雁荡的容颜与身姿。正是水与火，合力造就了集奇峰、奇石、奇瀑、奇洞等天下诸奇于一体的"寰中绝胜"雁荡山。

雁荡，是造化的神来之笔。它千变万化、神秘莫测，包含着无穷奥妙无穷美。千百年来，吸引了无数的人来探究它、欣赏它、品味它、解读它、描绘它。人们以各种方式表达对它的热爱之情。

雁荡山原本藏于僻远的东部海边，陪伴它的是孤独的惊涛、寂寞的山风和每年飞跃万重关山而来的茫茫雁影。人们最早认识雁荡的惊世容颜，缘于一次意外的发现。宋真宗时，因朝廷修建宫殿，大批的朝廷官吏和采木工、匠人等四处寻找古树巨木，当他们寻寻觅觅来到雁荡山时，被隐藏在深谷莽林中千姿百态、森然耸立的奇山异石深深震撼了。

好奇的科学家沈括也闻风而来，他以惊人的观察力、超前的认知力，对雁荡山的成因做了准确的推论：山谷中大水冲激，沙土被冲走，只剩下巨石岿然挺立，由此形成了雁荡奇观。这一发现使得沈括在流水侵蚀理论上一下子站在了地质学前沿，领先世界 700 年。不仅如此，沈括用"雁荡奇秀"来表达他对雁荡的总体印象，一直被人广为引用。

明代徐霞客三至雁荡，留下游记两篇。他对雁荡山的地质地貌现象、水系源流、胜景奇观特征等诸多方面所做的实地考察，弥足珍贵。他在游记中写道："望雁山诸峰，芙蓉插天，片片扑人眉宇。"生动地表达了他初见雁荡的喜悦之情。为了探寻大小龙湫的源头、雁湖、天聪洞、石船坑等，他遍尝艰辛，甚至冒着生命危险，借助梯子、绳子、藤蔓等进入险境，终于以自己的身到眼到，纠正了古书记载中的错误之处。

对于"搜尽奇峰打草稿"的画家们，雁荡实在是绝好的创作对象，是取之不尽用之不竭的素材资源库。唐寅、文徵

明、黄宾虹、张大千、潘天寿，哪个不是声名赫赫的一代画宗，又哪个不对雁荡山顶礼膜拜、摹之绘之、念兹在兹？黄宾虹，一游再游，一画再画。潘天寿，在他眼里，雁荡山的怪诞高华，是不可想象的，雁荡山石的神奇变幻，甚至影响到他绘画技法的奇变，从而刷新了山水画的山石皴法与构图法。

说到雁荡开发的历史，尤其不应忘记的是它的几位乡贤和父母官。他们对雁荡感情很深，影响很大。

袁采在南宋时任乐清县令。他曾写过一篇《雁荡山记》，记叙了雁荡山的开发历史，是研究雁荡山风景开发和雁荡山佛寺发展历史的宝贵资料。袁采还组织绘制了多幅《雁山图》，采用全景式的大图和局部性的分解图相结合的处理方式，比前人绘制的雁荡山图更能够表现雁荡山重冈复岭的宏大气势和移步换形的神奇景观。

施元孚是清代乐清人，他一生唯以家乡山水为乐，留下了28篇雁荡山游记。施元孚的文字功底好，加之对雁荡山水既熟稔于心，对其神韵又体察极深，因此他的游记真切生动，非寻常走马观花之作所能比拟。

蒋叔南，乐清人。他曾经参加同盟会，投身辛亥革命、反袁护国战争。1915年以后，他作别风云变幻的民国政坛，回归雁荡，直至1934年去世。近20年中，他苦心经营雁荡山景区，维护古迹文物，改善交通条件，邀请康有为等名流入山考察，扩大雁荡山的知名度与美誉度。他还编辑出版了《雁荡名胜》《雁荡山新便览》《雁荡山志》等书籍，为他赢得了"雁荡山主人"的名号。"半世功名随流水，一生事业在名山"，这是冯玉祥将军为他所题的挽联，高度赞

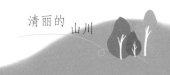

美他对雁荡的经营打造之功。

雁荡山，深藏海陬林莽，因为有心人的发现、欣赏、建设，名扬天下。而知它爱它的人也因此和雁荡之名一样传于后世，共垂不朽。正所谓：天地山川有待于人，人也有待于天地山川，江山人物两相待。

楠溪江：
诗意栖居

楠溪江贯穿温州永嘉南北，自西北往东南，注入瓯江，归向东海。悠悠三百里楠溪，百转千回，有三十六湾、七十二滩之称。碧水盈盈，青峰点点，白帆片片，雪瀑隐隐，常听渔歌互答、船号声声，时见村落隔树参差、霜林滩上醉染，更兼有取之不尽的江上清风、山间明月。

南朝的谢灵运被贬到永嘉做官，一年之后，当他任期已满离去时，行囊里装满以永嘉山水为主角的华美诗篇。这是中国诗歌史上第一批成规模的模山范水之诗，谢灵运因此被戴上了中国山水诗鼻祖的桂冠，楠溪江则拥有了中国山水诗摇篮的美誉。

有山皆绿、无水不清的楠溪江，本身就是一首曲折有致的长诗，它与谢灵运宿命般的相逢，是诗窟与诗魂的一见倾心，是诗溪与诗心的深情对望。当谢灵运乘一叶轻舟，沿溪顺流直下，或脚踏"谢公屐"，攀缘于山崖之巅，见澄江似练，山色迷离，怎能不诗意沛然、不陶然欲醉、不与万物融为一体而达到忘我之境界呢？诗人没有辜负溪山美景，在他笔下，倾泻出如星如月、如珠如玉的山水绝唱："涧委水屡迷，林迥岩逾密""石室冠林陬，飞泉发山椒""近涧涓密石，远山映疏木""疏峰抗高馆，对岭临回溪""白芷竞新苕，绿苹叶初齐"……在诗人的体悟中，楠溪江不再仅仅是他的审美客体对象，还是生命的寄托、精神的投射。

短短一年的任期里，谢灵运并非总是沉醉山水、吟诗作赋，他还为当地留下了很多政绩。他重视教育，兴办学校，提倡水利建设，勉励发展农桑，关心民间疾苦，做了不少好事。当人们日后诵读永嘉人翁卷"乡村四月闲人少，才了蚕桑又插田"的名句时，恐怕不会想到这繁忙的农桑风情和谢公也有着千丝万缕的联系呢。

踏着南朝世家大族行将没落的斜照余晖，谢灵运翩然莅临永嘉，不仅为当地带来经济的繁荣，更带来礼乐教化、弦

▶楠溪江美得让时间似乎都停止了流逝，江上渔翁今人耶，古人耶？是"不知有汉，无论魏晋"的桃花源人吧。

歌诵读。自从谢灵运在永嘉招士讲学以来，当地好学之风渐盛。又经过唐、宋的发展，这里人才辈出，文风兴盛。"永嘉四灵""永嘉学派""永嘉南戏"的出现代表着永嘉文化在全国影响力上的高峰。

如果说"永嘉四灵""永嘉学派""永嘉南戏"是永嘉文化的高地，那么更广阔、更连绵的文化地带则如灿灿星辰般撒落在楠溪两岸，以古村落为基地，在自然山水之间，不喧哗、不刻意，朴素地实践着中国人耕读传家的美好理想。

晚唐五代之时，中原名门望族为逃避战乱，纷纷南迁，楠溪江是他们构筑家园的理想国。塘湾村的始祖因为爱楠溪山水之美，定居下来。渠口村的始祖也是爱其山水之胜，于是在此安家。始祖们大约都具有爱丘壑、爱自然的高旷情怀，舍弃了繁华喧嚣的闹市，追山逐水来到这片世外乐土。

青山绿水怀抱着一处处古朴恬静的村落：岩头、芙蓉、溪南、下园、苍坡、鹤湾、溪口、水云、花坦、廊下、黄南、潘坑、佳溪、岩龙、屿北……这些村落都选址讲究，规划严谨，风格素朴。青山流水、茂林修竹、田舍书院，人居与自然合一，田园风光与耕读理想交融，生老病死与诗情画意共存。尽管漫长的岁月给它们刻上了斑斑痕迹，它们却依然散发着清水芙蓉般的清新气质，闪烁着未雕璞玉似的天然光泽。

苍坡村以"文房四宝"布局，洋溢着浓浓的书卷气。针对村右的笔架山，铺砖石长街为"笔"，凿长条石为"墨"，辟东西两方池为"砚",垒卵石成方形的村墙,使村庄为"纸"。它是耕读思想在古村规划建设中的充分体现。

屿北村内有始建于1186年的尚书祠(汪氏大宗祠),还有30多座古宅,40余座四合院大屋。每座院子都有一个典雅的堂名:翕和、三多、茂秀、阳和、钟寿、九如、闲存、三祝、更新、乐善……处处蕴含着村人对生活的理解和诠释,体现着光风霁月的淡泊情怀,值得人们细细咀嚼品味。

溪口村的东山书院是楠溪江最早的书院之一,是南宋进士、著名理学家戴蒙辞官之后创办的。楠溪中游的古村落村村有书院,乡民尊师重教,孩子们牛角挂书,许多村落都出过进士甚至状元。

在水一方,水美且长。世世代代渔樵耕读于楠溪两岸的人们无愧于谢公的教化苦心,也没有空负他留下的文采风流,更对得起这一片好山好水。人、诗意栖居在大地上。谢灵运短暂的一生中最终没能实现的理想,不经意间在楠溪江畔铺展成一幅幅温暖美好的现实图景。

江心屿：

诗·禅·灯

瓯江入海处，波涛浩瀚，一屿孤悬，它就是江心屿。传说，江心屿的样子像一只翘着头浮于瓯江上的灵龟，是温州一城灵气之所系。

长期以来，江心屿名气并不大，直到永嘉太守谢灵运与它相遇。当时，他被排挤出京，心情苦闷，遍游江南江北，寻找中意的风景。当乘舟瓯江之上时，忽逢江心美景，他不禁轻快地吟出了"乱流趋正绝，孤屿媚中川。云日相辉映，空水共澄鲜"这样的传世佳句。在他的笔下，这块乱流竞渡之中的孤屿呈现出一派明媚鲜妍的景象。自谢公赋诗之后，江心屿声名大著，吸引了无数海内外名流。唐代诗人孟浩然登上孤屿，为周遭景色所陶醉，挥笔写诗相赠友人："悠悠清江水，水落沙屿出。回潭石下深，绿筱岸傍密。鲛人潜不见，渔父歌自逸。忆与君别时，泛舟如昨日。夕阳开晚照，中坐兴非一。南望鹿门山，归来恨如失。"自谢灵运以下，1500年间，这样的锦绣辞章多达500余首，如繁花复瓣一般，将江心屿装点成一座芬芳馥郁、摇曳多姿的"诗之岛"。

成就江心屿盛名的，不但有诗，还有它悠久、深厚的佛教传统。屿上僧院耸立，晨钟暮鼓，梵呗声声，蔚为一处"江天佛国"。

早先，岛上有一条中川河穿流而过，将江心屿分为东西两部分。河东有东塔，建于866年；塔院名普寂禅院，建于869年。河西有西塔，塔院名净信讲寺，都建于969年。1137年，青了禅师见两寺分列两岛，往来不便，便趁

中川河淤积的机会，率人抛石填平，建立中川寺，南宋高宗赐号为江心寺。

江心寺宏伟庄严，宋宁宗时品评天下禅宗丛林，其被列为十刹之一。不仅国内僧侣慕名而来，日本、朝鲜等国的学问僧也来求学，研习佛理。江心寺也派遣僧人到日本、朝鲜学习交流。近悦远来，孤屿不孤，江心屿成为中外交流的桥梁。除了僧侣之外，还有很多士子来岛上寄读。南宋状元王十朋，在他还是一介布衣时，就在此寒窗苦读，并且与青了禅师结成朋友。他为江心寺题写的对联，堪称千古佳对："云朝朝朝朝朝朝朝散，潮长长长长长长长消。"此联绝妙之处不仅在于别出心裁地用一字多音、一音多义达成多样的解读效果，更在于描述了江心屿四周潮起潮落、云聚云散的空灵境界，令人在诵读、赏味之时，领悟到人生哲理。

由于地理位置优越，早在春秋战国时期，温州就开始出现原始的港口雏形。自唐以来，温州的商业与造船业非常发达，外销和航运完全依靠温州港，而蹲踞瓯江入海口的江心屿是船舶的必经之地，江心屿双塔也成为来往船只的重要导航标志。有趣的是，两塔的建造原本出自宗教目的，却无意中符合了航标与船只"三点成一线"的科学原理，从而具备了灯塔的功能。在夜间，茫茫江海上，东、西两塔的万盏佛灯，成为船只的归航方向，千年来指引了无数归舟安全靠岸。

在海岸开放的时候，无数的丝绸、瓷器通过温州港运往朝鲜、日本、柬埔寨等地，为温州经济创造了繁荣的景象。中国人也从这里走向世界，开阔了眼界。然而，随着明、清政府一道道"厉行海禁"命令的推行，海岸寂寞了，温州遗憾地和世界正在徐徐拉开大幕的大航海时代擦肩而过。第二次鸦片战争，温州优良的港湾引来了贪婪又精明的入侵者。依据1876年签订的《烟台条约》，温州被辟为通商口岸。

1877年4月，英国首任驻温领事抵达温州，设临时领事馆于江心屿孟楼（又称浩然楼）。1894年，在江心屿东塔下面，建成具有文艺复兴时期风格的海关税务司公寓，即英国驻温领事馆与巡捕房。

东、西两塔原本都是翘角飞檐、回廊曲折，后来，英人借口檐廊上栖息的鸟叫声扰人，强令拆除东塔的塔檐与回廊，致使东塔一直以中空无顶的奇特姿态兀然而立。后来塔顶自然生长一株榕树，无土培植，根垂塔中，枝繁叶茂，成为鸟类的乐园。

虽然温州拥有优越的地理条件，但是当时现代化的脚步仍旧缓慢。因为来往的侨民不多，贸易额不大，事务既单调又少得可怜，后来领事馆就撤走了。可见其时的温州，虽然对外开放的曙光已经显现，但是由于种种限制，终究没有成为像上海那样的东方大港。它的成长在百年以后一个真正意义上的开放年代才得以实现。

潮涨潮退、云卷云舒。无论历史风云如何变幻，江心屿永远默默守候在瓯江之心，为往来船只指引方向。

仙都峰：

仙乡帝里何处是

　　好溪连绵曲折，沿途点缀无尽美景，宛如一条诗画长廊。在丽水缙云县境内，好溪改名练溪。清风拂波，湛湛涵碧，潆绕着青峰簇簇，这就是人称"天遗林泉"、道教洞天福地之二十九洞天的仙都峰。

　　仙都峰古名缙云峰。唐天宝年间，缙云刺史苗奉倩上奏唐玄宗，说六月八日那天，朵朵七彩祥云围绕在缙云山独峰之顶，云中仙乐嘹亮，鸾鹤蹁跹起舞。继而听到山呼"万岁"之声九次，群山应和，绵绵不绝，整整持续八个小时，声音才停息。此时的唐明皇在开创了开元盛世之后，正沉醉于盛世荣辉中，听到这样祥瑞的事情，自然龙颜大悦，大赞缙云峰是"仙人荟萃之都"，于是敕令缙云峰改名仙都峰。他甚至要摆驾亲往仙都，被苗奉倩以道路遥远崎岖为由劝阻。

"仙都佳绝处，必定在鼎湖。"仙都至奇伟至壮观的景观为鼎湖峰。鼎湖峰相传生成于亿万年前的一次火山喷发，岩浆凝固成花岗岩，其后风雨侵蚀，周围的石灰岩渐渐风化，只剩下一根巨大的花岗岩石柱，直通地底深处。它傍溪而立，高170.8米，如春笋，如天柱，拔地而起，耸入苍穹。临水照影，绰约多姿；映衬星汉，大气磅礴；茕茕独立，秀出群山，尽得刚柔兼济之妙。峰顶平坦轩敞，苍松翠柏间蓄着一泓深水，四时不竭，名曰鼎湖。传说中华民族的祖先轩辕黄帝在仙都采药炼丹，丹炼成后，鹤舞燕集，黄帝驾赤龙升天而去。山巅被炼丹炉压陷，聚水成湖。白居易有诗云："黄帝旌旗去不回，片云孤石独崔嵬。有时风激鼎湖浪，散作晴天雨点来。"所歌咏的正是这段传说。

鼎湖峰上盛产龙须草，又名缙云草，丛生，茎圆且细长，可以长到一米以上，可以入药、织席。据说，黄帝骑赤龙飞天时，群臣、后宫争相攀附，龙须不堪重负，拔落坠地，化而成草，即龙须草。黄帝的长子、女儿以及几位大臣不愿攀龙附凤、鸡犬升天，以后就在这里世世代代居住，成为缙云山的子民。

鼎湖峰的后山是仙都主山之一——步虚山。东晋时这里有缙云堂，是祭祀黄帝和道教活动的场所。两晋南北朝时期许多著名道士如陆修静、孙游岳、陶弘景等，都曾在此修炼。来往着这样一群洒脱出尘、飘飘欲仙的高士道人，仙都峰山山水水之间都飘荡着世外的放旷之气，荟萃着仙家的灵秀色彩。

后来，追逐帝迹仙踪、神山秀水而来的还有朱熹、沈括、徐霞客、汤显祖、袁枚、朱彝尊等名人。

抗日战争爆发后，杭州沦陷，丽水成了大后方，一大批文人墨客也相继到来。1938年，著名画家潘天寿护送家人避居缙云，以后又多次到仙都游览写生，并赋诗记叙自己与

仙都的这段因缘，其中有句云："五云留我暂栖迟，始识云间峰壑奇。"

　　文人墨客在游历之余，多喜欢留下墨迹，并刻石为念。仙都峰因为名人游踪频密，历千余载后，遗存了大量摩崖石刻，现共计有唐代3处，两宋55处，明代33处，清代7处，民国17处。其中"铁城"摩崖，字径320厘米，镌刻在险峻的芙蓉峡上，气势迫人，为明缙云知县、书法家郝敬所书。"铁城"二字是为表彰李键的高尚气节。李键，号铁城，明嘉靖进士，学问渊博、志洁行芳。他因为不愿与魏忠贤同流合污，隐居仙都，执意不仕，意志坚如铁城。

　　昔人已乘赤龙去，此地空余仙都峰，但山水之间依然长久地流传着始祖的故事、仙人的传说，更沉淀着无数真切、厚重的人间情怀。

括苍山：

苍苍正色

　　括苍山是浙东名山。括是荟萃、凝聚的意思，苍是春季草木刚刚萌发时的颜色。《庄子·逍遥游》说："天之苍苍，其正色邪？"苍也是天的颜色，因此天也叫作苍天、苍穹。天下伟岸、雄奇之山何其多也，而括苍山究竟是何等之山，能够以容盛、汇纳、孕育天之正色、物之初色而得名呢？

　　"迢迢括苍山，虬龙南北环"，括苍山以虬龙腾飞之姿、盘旋之势，雄峙浙东中南部，丽水、缙云、青田、仙居、临海、黄岩、永嘉等地都能看到它的巍巍雄姿。它绵亘瓯江、灵江之间，为两江分水岭。南呼雁荡，北应天台，西邻仙都，东瞰大海，余脉入海为东矶列岛。其共有千米以上峰峦150余座，千峰万壑，郁郁苍苍，所以有诗云："又闻括苍山，千叠万叠青芙蓉。"以其阔大、绵远，登临其上，以观沧海，更觉天苍苍海茫茫。山光海色，氤氲磅礴，包孕万千，宜乎"括苍"之名也。

括苍山，宜拥抱自然、欣赏美景。在这里迎接朝阳，去感受天地万物和自己都宛如初生般纯净与珍贵。括苍山每年平均有280个雾日，3月至11月都是观赏括苍山云海的好时节。无际的云海，奔腾舒卷，一座座山峰正如孤岛，漂浮隐现，变幻无穷。尤其是雨后或逢日出及日落之前，云海必现且五彩斑斓，蔚为壮观。夏秋季节，括苍山有时还会出现神秘的宝光。云海中的光环时远时近，时大时小，时明时暗，变化万千。

括苍山，宜寻觅仙踪、吸纳灵气。属于括苍山脉的仙都峰、神仙居，都以仙为名。三国时候，就有人著书说括苍山是神州东南境的一座大山、神山，道家经典封括苍山为东岳泰山的佐命山。括苍山上多幽谷灵岩、洞天福地。仙姑岩距仙居县城约44千米。传说神女麻姑至括苍寻访仙人王方平，曾息于此，故称仙姑岩。括苍洞在仙姑岩南麓，洞内可容千人，相传东汉名道士葛玄曾在此炼丹。南朝陶弘景，入山采掇仙药，垒坛炼丹，诠释了"山中宰相"的清华气派。唐宋时这里建有凝真宫，为道教天下第十洞天。

括苍山，宜凭吊古迹、俯仰古今。括苍山横亘温州、丽水，跨州联府，所以历来为交通孔道。为求学、为仕宦、为经商、为寻友，南来北往的人，在莽莽群山留下了风尘仆仆的背影，喜欢舞文弄墨的文人也在纪行的诗词文章里留下了括苍的容色身姿。比如朱熹有诗"括苍云壑入秋梦，闽岭风霜侵鬓丝"，沧桑之感扑面而来。光是一条括苍古道，就充满了斑斑史迹。括苍古道始建于唐末宋初，是连接温州、处州（今丽水）两地的主要通道，也是瓯江流域通往北方的要道，据传由商人冯大杲出资修造。如今在古道桃花岭脚下，还有一座冯公庙，就是为纪念这位开山辟路的善士而建。桃花洞是桃花岭的最高处，地势险如四川的剑阁。岭上风光秀丽，林木蓊郁，山静谷幽，遍种桃花。在一重重险隘之中，一片片粉红色的桃花林倚云傍日而栽，与天边流霞共一色。翻山越岭的人置身于这样难得一见的美景，定会产生"桃花云里过，隘头半天高"的奇妙感觉，行路的疲乏也会消失大半吧。清代，为了维护美景，当地官员曾经带头拿出自己的俸禄、发动绅民共同捐钱重栽桃花，并禁止砍伐。

　　括苍支脉南田山山脚下是历史名人、明代开国元勋、"诚意伯"刘基的生养之地、归葬之所。刘基庙最长的一副楹联为民国时林森所撰，最后一句云"千秋祠宇栝苍山（即括苍山）"。以刘基祠宇配享括苍山，为之增添了苍苍正气。刘基为开创大明王朝立下了不世功勋，最终却遭明太祖朱元璋冷落，黯然返回家乡。正所谓：是非成败转头空，苍山依旧在，几度桃花红。

南湖：

烟雨旧踪

"轻烟拂渚，微风欲来"，这句话描绘的是嘉兴南湖的迷人风光。烟雨迷离，湖光微茫，轻舟欸乃，菱歌曼曼，正是南湖好光景。

南湖古称滮湖、马场湖。五代吴越国广陵王钱元璙在湖滨筑烟雨楼作为登临眺望之所，楼名取自杜牧的诗"南朝四百八十寺，多少楼台烟雨中"。靖康之难后，金兵南渡，一度攻破嘉兴，钱氏留下的歌台舞榭连同烟雨楼一道灰飞烟灭。

后来，烟雨楼又几度兴废。直至明朝嘉靖年间，嘉兴知府赵瀛疏浚城河，用挖出来的淤泥在南湖上堆出来一个湖心岛，在岛上缀以亭台楼阁，烟雨楼这才最终落户南湖烟雨中。

明代，南湖步入它的盛景期。那时的杭嘉湖平原，交通便捷，人烟辐辏，市镇繁华，商贸往来频繁。嘉兴号称"东南一都会"，人民生活富裕，习俗侈靡，热

▶"空空蒙蒙，时带雨意"的南湖，永远笼罩着温柔的轻纱、梦幻的诗意。（摄于1914年，嘉兴市博物馆提供）

衷游玩。每当夜幕降临，满湖灯火，处处笙歌，游人扶醉，乐而忘归，是南湖一天中最惬意的时光。

当地文人雅士也常常流连于湖光水色中，比如李日华。他是明代万历年间进士，生性恬淡，见朝政昏暗，无意仕进，归隐嘉兴。《秋日独坐怀南湖醉游》这首诗可以窥见他的淡泊心志和娴雅性情："秋雨淡无色，高梧翻昼阴。鸟来窥散帙，客到罢弹琴。世态交游见，风期山水深。湖南好风月，梦里亦追寻。"

盛衰无常，伴随着大明江山的沦亡，像李日华这样风雅

淡泊的文人，也消失在历史的尘埃中。南湖一日一日地荒废、冷清了。到了康熙年间，南湖上曾经盛极一时的勺园基本被毁弃。雍正年间，勺园已经废为渔庄，唯有旧时老柳数十枝，惆怅晚风中。

到了乾隆皇帝时，据说他六下江南，八登烟雨楼，喜欢题诗留迹的他自然也为南湖留下了墨宝，题诗多达十余首。他还让画师绘制了烟雨楼全貌图，在热河避暑山庄仿建了一座烟雨楼。不过，没了江南春雨之中那一片氤氲迷蒙，这样的烟雨楼终究是不像的。

乾隆走后，为了表示对这位帝王的尊崇，烟雨楼从此门扉紧闭，不让游客登览。乾隆没有预料到的是，在他身后一百多年，大清就灭亡了。世界潮流浩浩荡荡，冲开了天朝的国门，也冲开了烟雨楼尘封百年的大门。1912年，民国缔造者孙中山登上烟雨楼，并留影纪念。

　　在一个更壮阔的时代变局来临之际，历史选择了南湖来见证中国历史上开天辟地的大事。1921年8月初，11个年轻人自上海乘火车到嘉兴，他们登上了南湖的一条船，把在上海没有完成的会议开成了。后来，在新中国的语汇里，这条船被称作"红船"，这次会议就是宣告中国共产党成立的中国共产党第一次代表大会。烟雨南湖也因此有了一个崇高的身份——革命圣地。

　　有人说："南湖虽小，映照古今，不让八百里洞庭；小船如苇，一箭光阴，射穿两千年画卷。"诚哉斯言！

钱江潮：
大地潮歌

　　1903年，浙江留日青年创办了一本名为《浙江潮》的进步杂志。杂志首期发刊词，以激情澎湃的语言写道：浙江有"物"，其势力大，气魄大，声誉大，"且带有一段极悲愤极奇异之历史"，上自士大夫，下至老百姓，没有不知道它、不纪念它的。发刊词所言之物就是钱塘潮，又名浙江潮。

　　古来形容钱塘潮"势力大""气魄大"的名句不可胜数，略举一二："浙江八月何如此，涛似连山喷雪来""天地黯惨忽异色，波涛万顷堆琉璃""八月涛声吼地来，头高数丈触山回""海面雷霆聚，江心瀑布横""天排云阵千雷震，地卷银山万马奔""似万群风马骤银鞍，争超越"……在诗人的笔下，钱塘潮之气势真是无与伦比，一言以蔽之，就是

"八月十八潮，壮观天下无"。

钱塘潮何以"带有一段极悲愤极奇异之历史"呢？这里指的是伍子胥、文种化身潮神的传说。春秋时期楚国人伍子胥，怀着父亲被楚王杀害的奇冤，亡命吴国，辅佐吴王打败楚国。另一位楚国人文种则是越王勾践的辅臣，为勾践复国灭吴屡立奇功。两人都不得善终，前者皮囊裹尸、抛入大江，后者伏剑而死、狗烹弓藏。两人本来各为其主，势不两立，被冤杀后却结为盟友。从此，钱塘江上，两个忠魂结伴而来，素车白马，扬波雪愤。那惊天骇地、吞吐日月的涌潮，正是伍子胥与文种的千年孤愤，是英雄的"未死报仇心"。

钱塘江边的人既惯见江上的春花秋月，也不惧它奔腾咆哮、野性难驯的浪潮。农历八月十八，是一年一度的观潮盛会。浙江观潮的民俗至少可以追溯到东晋时期，北宋时则弄潮之风大行。潘阆为此写下了《酒泉子·忆余杭》："长忆观潮，满郭人争江上望。来疑沧海尽成空，万面鼓声中。弄潮儿向涛头立，手把红旗旗不湿。别来几向梦中看，梦觉尚心寒。"想象恢宏，声色俱佳，成为宋词中的传世名作。

观潮、弄潮习俗最盛行的当数南宋之时。宋室南渡，首都杭州繁华富庶，人民安乐。粗犷勇悍的越地民风与北方贵族王公、文人画家带来的华贵风雅相结合，催生了既彪悍勇猛又诗情画意且充满世俗欢乐的潮文化。且看周密《武林旧事》中的精彩描写：每年八月十八，是朝廷检阅水军的日子。这一天，看潮人倾城而出，城外车马塞途，男女云集。涌潮来临，战船在波浪中溯流而上，忽分忽合，变化种种阵

▶八月十八潮，壮观天下无。(钱雪军摄)

势。骑兵弄旗、标枪、舞刀，出没狂涛，如履平地。倏尔烟炮鸣放，黄雾四起，战船隐匿得无影无踪，耳畔唯闻山崩地坼的潮声。忽而又有无数凫水勇士，披发文身，在波谷浪峰间高举彩旗，踏波踩浪，旗尾不湿，竞相展示弄潮儿的风采。

潮能娱人，也能成灾。据统计，从公元775年到1949年，钱塘江发生较大洪潮灾230次，差不多平均每5年就有一次。咸水经常影响到嘉兴、湖州、吴江一带。土地一旦经咸水浸泡，至少四五年方能恢复，所以潮灾关涉到富饶的杭嘉湖、萧绍甬平原的安全，关涉到无数人的身家性命。

两千年的海塘修筑史，也是一场人与自然之间漫长的博弈史。相传最早的土塘修筑于汉代。五代十国时，吴越国苦心经营两浙地区，以保境安民为国策，兴修水利，发展农桑。910年，江潮汹涌，危及杭州海塘，吴越国王钱镠征发20万民力，建筑捍海塘。因为土塘不牢固，开创竹笼填石筑塘和楗柱固塘之法，塘岸得以巩固。如今，杭州一带还流传着"钱镠射潮"的传说。

经过历代劳动人民的摸索创造，到清代总结出了鱼鳞大石塘的建造技术。为了保卫江南这个大粮仓，清政府不惜花巨资建筑海塘。整个清代，据不完全统计，一共在海塘上花了 2680 万两白银，平均每年 10 万两，最多年份花了 40 万两，因此有"黄河日斗金，钱塘日斗银"的俗语。乾隆六下江南，四巡海塘，甚至亲自为海塘打桩，传为佳话。

江南粮仓源源不断的贡赋和漕银，为开创"康乾盛世"提供了物质保障。然而，欧风美雨日渐迫来，盛世繁华恍如一梦。在民族生死存续的紧要时刻，有识之士呼唤革命的浪潮，将旧世界席卷而去，开出一片新天地。以救亡、启蒙为己任的《浙江潮》，热烈地赞美着、讴歌着、祝愿着："可爱哉！浙江潮，可爱哉！浙江潮……我愿我青年之势力，如浙江潮。

我青年之气魄，如浙江潮。我青年之声誉，如浙江潮。"

这气势万千的"浙江潮"，最终汇入全国的革命洪流中，以摧枯拉朽之势将清王朝送进了历史的废墟。1916年9月15日，即农历八月十八，孙中山抵达海宁县盐官镇观看钱塘潮。面对雷霆万钧、奔腾而至的钱塘大潮，孙中山感慨万千，留下了"当今世界潮流，浩浩荡荡，顺之则昌，逆之则亡"的著名论断。

时势奔涌，钱塘江潮亘古如斯，日夜发大声于海上。它是大地的音乐、雄魂的长啸，它是江海的合奏、天人的交响，它是历史与现实的共鸣，是浙江人民与潮共舞的时代赞歌。

莫干山：

清凉世界

莫干山的得名，注定了它不平凡的身世。

春秋末期，群雄争霸。相传，铸剑师莫邪、干将夫妇，奉吴王之命在山中采精铜铸剑，淬以剑池之水，试以万年之石，终于炼成天下无以争锋的雌雄双剑，号曰莫邪、干将。干将携雌剑进献吴王。吴王为使天下再也没有比这更锋利的剑，就杀死干将。干将的儿子赤长大后，携雄剑前往复仇，路遇侠客之光。赤以命相托，终于在侠客的助力下设计杀死了楚王，报了父仇。后来，莫邪、干将铸剑的这座山，就被命名为莫干山。

莫干山的历史就是这样在刀光血影、快意恩仇的背景中登场，其恢宏盛大、动人心魄不亚于一出希腊悲剧。

然而，接下来，莫干山却在它的修篁幽谷里隐藏起自己的凌厉之势、森然剑气，在世人面前呈现出柔美、安详、宁静的侧影。

在地势平缓、水网交织、四季分明的杭嘉湖平原一带，莫干山以挺拔的身姿秀出地表，莽莽群峰恰似一道绵亘十余里的绿色屏风，挡住了从海上吹来的东南季风，气流受阻抬升、膨胀，使得山上长夏吹凉送爽，终岁云雾缥缈。

如此一处炎炎人间里的清凉世界，怎能不被那些孜孜不倦地寻觅好山好水的修行人看重呢？南朝以来，四方僧侣纷纷安顿在莫干诸峰。到清朝康熙、乾隆年间，此处已是僧侣云集，梵宫遍布。数百年的时间，莫干山在山花自开自谢、山月时盈时缺的光景里迎来送往一拨拨问道的行人、祈福的香客、寻幽的文人。

近代，中国的命运被一次次改写，莫干山也经历了几番风雨。清代后期，莫干山上的寺庙或毁于战火，或缺少供养，从此佛号消歇，香烟寂寥，僧人星散飘零，山间唯余断壁残垣。

莫干山重新活跃起来，竟然得益于洋教士的青睐。1894

年，在上海传教的美国浸礼会教士佛利甲从杭州沿运河行至莫干山，见此处茂林如翠，泉鸣如佩，更兼幽静、清凉。在他的推介之下，陆续有传教士上山赁屋居住，并在外文报纸上把莫干山称为天然"消夏湾"。1898年，第一座西式别墅在山上建成，随后几年间西人纷纷占山购地建房。到1926年，共建成154座别墅。

传教士的到来，客观上说为莫干山带来了新的机遇，塑造了其别样的气质。翠岚修竹掩映着一幢幢造型各异的西式别墅，中国的山水也能与异域的建筑元素相安无事。每当夏天来临，外国人如候鸟一样翩然而至，沉寂已久的深山又热闹起来。莫干山宛如一座"天上的街市"，教堂的钟声和唱诵声，取代了当年的幽幽梵呗，飘荡在竹梢树杪。从幼稚园到公墓，从游泳池到教堂，从网球场到图书馆，从绿化到清洁，从成立自治组织到制定章程，西人把西方的生活方式复制到了莫干山上。

莫干山毕竟不是洋人永久的乐园。1926年，在民国浙江省政府主席张静江的主持下，莫干山主权回归。随着洋人逐渐退出，莫干山又迎来了新的主人，他们中有达官显贵，有大亨巨贾，有海上闻人。但是，莫干山注定不再平静，在"停止内战，一致抗日"的共同呼声中，1937年的莫干山见证了国共两党的政治博弈；日寇入侵，莫干山曾经庇护过逃离战火的人们；风雨如磐的1948年，蒋介石在莫干山松月庐召集幕僚开会，推出"金圆券"政策，没想到却加速了蒋家王朝的覆灭。

如今，历史的烟尘早已消歇，"清凉世界"莫干山重归幽静宁谧。也许，唯有清泉、绿竹、白云，才是莫干山真正的、永远的主人吧。

顾渚山：

南方生嘉木

春秋战国时期，吴国经营太湖流域，吴王夫差派弟弟夫概到长兴筑城。一日，夫概登山勘测军事地形，只见太湖浩渺、田园锦绣、村镇繁丽，不禁赞叹"顾其渚次"，土地平旷，可在其上营建都城。这便是顾渚山之名的由来。

顾渚山常年受着太湖水的滋养和东南季风的润泽。这里不但谷壑幽深，溪涧潺潺，四时花木，云深雾渺，而且由于地表属乌沙土，土层厚，土壤富含有机质。气候、雨量、植被、土质、云雾，上天把生长好茶所需要的自然条件一股脑儿都送给了顾渚山。这里出产的茶香若兰草，芽粗壮肥硕，饱满似笋，色紫，名曰紫笋茶。

顾渚山不仅出好茶，还有好水。据史书记载，顾渚贡茶院边上，有碧泉涌沙，灿如金星，这便是金沙泉。用金沙泉

的水蒸茶煎茶，别具芳馨。

　　唐代，顾渚山迎来了它的知音知己——茶圣陆羽。陆羽，字鸿渐，原是一个弃儿，被寺僧抚育长大。落拓不羁的性格，使他不能安心于寺中枯寂的生活。因种种奇缘感知了茶的真性，他一路云游，寻访好茶，并将收获心得总集成一本《茶经》，在大唐辉煌灿烂的诗歌文化之外，另开一席，后人称之为茶文化。

　　一日，陆羽在顾渚山与宜兴交界的啄木岭下考察，适逢常州太守李栖筠在一山之隔的阳羡督造献给皇家的贡茶，他正为完不成贡额而发愁。他早闻陆羽之名，就请陆羽品尝僧人送来的顾渚山茶叶。一杯入口，陆羽称赏不绝，说它芳香甘冽，味道超过其他地方的茶，可以推荐给当今皇帝。

　　陆羽对顾渚山茶就是这样一见倾心，他不但停下了云游的脚步，甚至还在顾渚山买了个茶园，做深入的研究与考察。他与好友皎然、朱放论茶，直截了当地说"顾渚紫笋为第一"。

　　自从顾渚山紫笋茶成为贡茶，在接下来的八十多年，一共有四十位湖州刺史进山修贡。他们性格不一，才情各异，在顾渚山上留下了斑驳的历史足迹。比如著名书法家颜真卿，他的修贡工作做得十分洒脱。他带了一批文友茶友，在明月峡月下吟诗，题书勒碑。还有袁高，他虽然不是一位才华横溢的刺史，却因为一首为民请命的《茶山诗》而在《全唐诗》中占有一席之地。诗中，他大胆提出贡茶是扰民苛政，主张延缓急程茶的时间。还有晚唐最杰出的诗人"小杜"杜牧，他登临赋咏，与民同乐，如有《茶山下作》五律一首："春风最窈窕，日晓柳村西。娇云光占岫，健水鸣分溪。燎岩野花远，戛瑟幽鸟啼。把酒坐芳草，亦有佳人携。"为顾渚山披上了一重浪漫的色彩。

茶圣、刺史之外，各路诗人亦闻香识顾渚，并为它留下几十首茶诗。这些诗句不仅清雅典丽，更重要的是，它们还充分描绘了中、晚唐时期由茶道、茶会、茶宴、茶舞、斗茶、制茶等组成的茶文化。其中最突出的是皮日休、陆龟蒙，他们一个是苏州刺史、一个是江湖散人，世人以"皮陆"并称。他们俩在顾渚山上一唱一和，诗的内容共有十题，几乎涵盖了茶业制造和品饮的全部过程，不经意间为"大唐茶韵"做了艺术、生动的总结。

顾渚山贡茶制度绵延千年，直到明洪武八年（1375），农民出身的朱元璋，体谅茶农疾苦，下令废除贡茶制度。紫笋茶绚烂之极后归于平淡，顾渚山也重回平静。也许，这才是顾渚山的本色、紫笋茶的真意吧。

苕溪:

山水长自在

苕溪，因为两岸多苕而得名，苕就是芦苇。可以想象，芦苇开花的时节，苕溪两岸风光是何等苍茫又明亮。苍茫，是因为芦苇荡之广阔、之繁茂、之摇曳弥漫，而造成的莽莽苍苍的视觉效果；明亮，来自于芦花的光色体态，轻盈、光洁、透明，如月、如雪、如轻纱。苕溪就是在这样晴明浩渺的景象中展开了它的流程。

苕溪分为东苕溪与西苕溪。出天目山之南者为东苕溪，出天目山之北者为西苕溪。两溪远在湖州城东汇合，注入太湖。东苕溪干流长165千米，西苕溪干流长145千米。在千重之秀的天目群峰中一路迤逦流淌的溪水，岸岸相续，山山相连，更有数不清的竹海、飞瀑、良田、村落，形成了流域内山水清远、景致无穷的自然风光。宋末诗人戴表元《苕溪》一诗写道："六月苕溪路，人看似若耶。渔罾挂棕树，酒舫出荷花。碧水千塍共，青山一道斜。人间无限事，不厌是桑麻。"诗句描摹出初夏时节，苕溪两岸，碧水青山相拥，绿树荷花相映。村落景象历历在目，有渔夫捕鱼归来在树上张网晾晒，还有村人在荷花环绕的酒坊消闲。这样桑麻遍地、恬静安逸的景象实在使人观之不足，忘怀世事。

东、西两苕水系在浙江东部平原散作千港万湖，形成密集的河网湖群。这纵横流淌的溪水，以及它所形成的千湖万港，滋养、润泽着广阔、富庶的杭嘉湖平原。早在史前时期，它就孕育出被誉为人类文明曙光的良渚文化。但是，苕溪并不总是那么温柔、驯服。每遇雨季，苕溪就变得桀骜难驯。尤其是东苕溪，它是浙江省洪灾最为严重的河流之一。东苕溪流经临安、余杭、德清等地，一边是高山峻岭，一边是低旷平原，源短流急，暴雨过后，暴烈的急流便从高处一路往下，狼奔豕突，摧村拔寨，淹没良田，给流域内人民的生产和生活造成重大的灾难。所以在古代，有为的地方官总以兴修水利、保障治地安全为己任。东苕溪一带至今还遗存着南湖、北湖、西险大塘等几处重要的水利工程。明代，人们在余杭南湖东南面，修建了一座三贤祠。祠中所祭祀的三贤即三位余杭县令，他们是东汉陈浑、唐代归珧、北宋杨时。其实，从始建南湖水利工程，到疏浚、到维护、再到利用，造福一方的贤达人士无不代代相承，又何止这三县令呢？

西苕溪因为在湖州之西，故名。它的上游是著名的竹乡安吉，下游是长兴县、湖州市郊区，流域内平原广袤、河道密布。唐代诗人、自号"烟波钓徒"的张志和曾垂钓于湖州西郊弁南乡樊漾湖村境内的西塞山，青笠绿蓑，来往苕溪、霅溪的风波之间，沿着枫叶荻花之路，或东或西，乘流垂钓。张志和少小颖悟，很年轻的时候就出仕为官，后有感于宦海风波，又遇家中连番变故，遂弃官弃家，浪迹江湖。他生性诙谐快乐，不慕荣利，浮江泛湖，扁舟垂纶，过着自由自在的生活。据记载，张志和曾前往湖州拜会湖州刺史颜真卿。颜真卿看他的船很破旧，有意赠送一艘新的给他，他愉快地接受了。为了酬谢颜真卿的馈赠，他写了一组五首《渔歌子》词，其中最为后世传诵的是《渔歌子·西塞山》。词云："西塞山前白鹭飞，桃花流水鳜鱼肥。青箬笠，绿蓑衣，斜风细雨不须归。"在桃花盛开、烟雨迷蒙的西塞山前，白鹭低旋，鳜鱼浅跃，身着青箬笠、绿蓑衣的烟波钓徒悠闲自在，垂纶而乐。既描写了清新淡远、生机无限的江南风光，又表达了自己的喜悦与生活情趣，还巧妙地寄寓了对颜真卿的感激之情。

张志和之后，以苕溪之名，被永久地留在历史记忆中的杰作还有北宋书法家米芾创作的行书书法作品《苕溪诗》，内容是米芾从无锡去往苕溪时所作的六首诗。全卷书风真率自然，变化有致，反映了米芾中年书法的典型风貌，与《蜀素帖》并称米书"双璧"。诗论名著《苕溪渔隐丛话》，作者是南宋安徽人胡仔，他因不满奸逆当道，辞官隐居苕溪，自号苕溪渔隐。南宋姜夔有《除夜自石湖归苕溪（十首）》，姜夔因为隐居在苕溪的白石洞天，而被朋友唤作"白石道人"。这些光辉的艺术篇章，与《全唐诗》《全宋诗》中描写苕溪的二百多首诗一起，与苕溪两岸良渚先民的遗址一起，与被人们世代景仰的官声政风一起，长久地散落、镶嵌在苕溪山水之间，"山一带，水一派，流水白云长自在"。

方岩：

撑持天地间

　　著名古建筑、园林艺术学家陈从周曾经说过"方岩居中，游遍浙东"，赞叹的是永康方岩雄踞金衢盆地中央的优越位置。方岩更令人赞叹不绝的是奇诡瑰丽的山形地貌，势急峰危，灿若流霞，气势磅礴，动辄数千甚至上万平方米的绝壁大石面节理纵横。1933年，郁达夫游方岩，连连惊叹山之伟观，"苍劲雄伟到不可思议的地步"，"间有瀑布奔流，奇树突现，自朝至暮，因日光风雨之移易，形状景象，也千变万化，捉摸不定"。

　　文人千里迢迢来此人间绝境，是为了寻幽探胜，吊古思今。而四方百姓却因为这里有一位极灵验的胡公大帝，络绎不绝进山焚香祈祷。

　　胡公，即北宋胡则，永康人，中进士后，历任太宗、真宗、仁宗三朝官员，最后加封兵部侍郎。其实在北宋衮衮诸公中，胡则的地位和声名都不算显赫，但在四十年从政生涯中，他做到了宽刑薄赋，清正廉明。胡则最大的一桩德政是在灾荒年月，向朝廷奏免了浙江衢、婺两州的身丁钱，为民纾困。所以，在他少年时代读书的方岩，人们为他立庙祭祀。宋高宗赵构赐予"赫灵"二字，以表彰胡公为民请命的崇高人格。

"正直之谓神"，不知从何时起，这位为民请命的清官渐渐演化成"有祷无不答，有求无不应"的神灵。关于他屡显神异的传说不胫而走，供奉他、膜拜他、恳求他赐予平安幸福的地方和信徒也越来越多，不但金衢一带处处有赤面长髯的胡公像，远涉重洋也能看到胡公庙里摩肩接踵的信男信女。

距热闹喧腾的胡公庙不远的寿山坑，别有洞天。寿山自东而西有鸡鸣、桃花、覆釜、瀑布、固厚五峰环拱，处处是千丈的绝壁和巨大的石洞。五峰书院、丽泽祠、学易斋，就设在石洞中。郁达夫来的时候，这里虽已是"清幽岑寂到令

▶ 雪后的五峰，好像忠实的守护者，充满无言的力量。

人毛发悚然的一区境界"，但在昔日却是一番"谈笑有鸿儒，往来无白丁"的景象。尤其是五峰书院，宋代和明代的大学者朱熹、陈亮、王守仁都相继在这里讲学，传播思想，使方岩名声大噪，远近学子翕然来学。到清代后期，因为国力日衰，问学者少了，书院也冷清了。

20世纪30年代中期，这一带忽然又热闹起来。时值抗战，因缘际会，书院成为浙江省政府办公地点。1937年"八一三"淞沪抗战爆发后，浙江成为东南抗日的前哨。11月，嘉兴、湖州失守，杭州告急，省政府决定迁移。25

日，省政府奉命改组，爱国将领黄绍竑出任省政府主席。在获悉方岩有天然岩洞可防空袭，且大小旅馆数十家足够省府之用后，黄绍竑决定将省政府迁至方岩。

从1937年12月到1942年5月，浙江省政府驻扎方岩期间，正是浙江正面战场的第一期抗战阶段。省政府在这里颁布战时纲领，指挥作战，维持经济，安置难民。在烽火连天的战争间隙，运筹帷幄，有条不紊。

1938年1月，为了纪念在抗日战争中阵亡的将士，以唤起民众团结抗战救亡，省政府在桃花峰下运动场上树起一座"抗战阵亡将士纪念碑"，于1939年"七七"抗战纪念日前竣工。书法家、浙江通志馆馆长余绍宋题书。碑文由时任浙江省临时参议会议长陈训正撰稿，省主席黄绍竑题写。

战火纷飞，文明之火不熄。浙江通志馆坚守方岩，修纂全面记载浙江历史的《浙江通志》。在文澜阁《四库全书》跋涉几千里以避兵燹的文化苦旅中，方岩是它一个暂时停泊的驿站。杭州灵隐寺的洪超法师，携经学及其他图书千卷，到洪福寺设图书馆，供人阅读。各种书刊、报纸的出版繁荣一时。从方岩发出的不屈声音，温暖了无数困顿的心灵，陪伴人们度过风雨如晦的漫漫长夜。

1939年春，周恩来以国民党中央军事委员会政治部副部长的身份，视察东南抗日前线，在方岩五峰与黄绍竑晤面，共商抗日大计。为纪念这次历史性的会见，表示携手合作的诚意，周恩来和黄绍竑共同种植了两株泡桐。至此，国民党正式承认中共在浙江的合法地位，在浙江境内实现了停止内战、一致抗日，形成了浙江全境的抗日民族统一战线。浙江抗日面貌焕然一新，各种抗日组织空前活跃，共产党领导的敌后游击战多次重创日寇，有力支援了正面战场。

如今，胡公庙依然香火鼎盛，五峰书院却沉入了历史的一角、时间的深处。两株泡桐历经八十年的风雨，已然是枝叶交柯，亭亭如盖。烈士的墓地里长眠着为国赴难的英灵，受着永久的纪念和追思。

据说，方岩的得名是因为它庄重雄伟，酷似擎天方柱，这不正是"为天地立心，为生民立命，为往圣继绝学，为万世开太平"的人格理想在天地之间的依托和支撑吗？

北山：
千古风流

"千古风流八咏楼，江山留与后人愁。水通南国三千里，气压江城十四州。"在南渡至浙江的婉约派女词人李清照的笔下，昔日金华府呈现出一派雄浑阔大的气象。金华古称婺州，因其地处金星与婺女星两星争华之处而得名。此处山川形势险要，历来为兵家必争之地。尤其是周匝于城北的北山，崔嵬绵延，蟠郁苍劲，周回三百六十里，左右峰峦连屏，护佑着金华城。

在历代典籍、诗文中，北山有多种称谓，如长山、常山、金华山。唐代袁吉《金华山》诗中道："金华山色与天齐，一径盘纡尽石梯。步步前登清汉近，时时回首白云低。"描述的就是高峻雄秀的北山风光。

北山属于喀斯特地貌，在地下水的侵蚀下，亿万年来大自然的鬼斧神工，造就了五十多个地下溶洞。其中双龙、冰壶、朝真三洞在唐代被封为道教三十六洞天的最后一处洞天——金华洞元天。三洞中，朝真洞位置最高，洞中泉流跟冰壶洞、双龙洞上下相贯通。1636年，旅行家徐霞客考察这三个洞，并用简约的文字概括了它们各自的特色：朝真洞奇在一隙天光，冰壶洞如万斛珠玑，而双龙洞则兼有水与陆、明与暗的奇观。

▶ "北面一道屏障，自东阳大盆山而来，绵亘三百余里，雄镇北郊，遥接着全城的烟火，这就是所谓金华山的北山山脉了。"（郁达夫《金华北山》）

赤松山，隶属于北山山系。据古书记载，赤松山在金华北十五里，一名卧羊山，是东晋黄初平"叱石成羊"处。山上白石错落，如羊群分散各处。赤松山的得名，与别号"赤松子"的黄初平有极深的渊源。黄初平本是牧羊少年，十五岁时被道士收为徒弟，带到北山学道，一学就是四十多年。他的哥哥多年来一直在寻找他，后来终于在北山兄弟重逢。哥哥问弟弟羊在哪里，黄初平指着白色的石头，叱令道："羊儿起来！"白石就真的站起来了，化作成千上万只羊。哥哥惊诧莫名，从此跟着弟弟学道，两人最后都成了仙。

这个黄初平就是深受民众喜爱的除妖驱邪、惩恶扬善的"黄大仙"。历代帝王对他的善举和功德也极为推崇，农民出身的明太祖朱元璋还写了一首《牧羊儿土鼓》诗，其中有"群羊朝牧遍山坡，松下常吟乐道歌"之句。1915年，梁仁庵道长携同黄大仙的画像、灵签和药签从广州南迁至香港，并于1921年建成香港黄大仙庙。几十年间，黄大仙不但在香港广为人知，而且传播至美国、加拿大及东南亚一带。

北山不但是金华一地精气之所聚，也是文脉之所系。南宋何基，早年师承名门，后回故里，隐居北山盘溪，人称"北山先生"。他的学问后经传承、光大，连绵数百年，成为名重天下的"婺学"，对元明理学产生了很深的影响。何基在北山隐居、著述，也为林壑清美、仙迹缥缈的北山添上了厚重的一笔。

如今，北山学说已成遥远的绝响，黄大仙庙前信众如云，双龙洞前游人如织。江山胜迹，用李清照"千古风流"四字来形容，不亦宜乎！

江郎山：
山若有情山亦老

江郎山很老，它1.35亿岁了。

一座很老的山是有看头的。地质学家探究它出生的奥秘，给它开的出生证明是这样写的：孕育于白垩纪，是全球迄今已知的最高大的陡崖环绕的砾岩孤峰。自白垩纪以来，江郎山经历了峡口盆地的形成、红层沉积、盆地抬升、断裂变动、外动力侵蚀、地貌老年化、再次间歇性抬升等一系列连续的演化发展过程，呈现出丹霞地貌演变中神秘而又令人惊叹的地史记录。1.35亿年，江郎山默默承受着日抬夜沉，风侵雨蚀，终于造就卓尔不群的风貌神采。

浪漫的诗人无意寻找科学答案。面对摩天插云、烟岚迷乱的江郎山，白居易不禁生出缥缈的幻想。"安得此身生羽翼，与君来往醉烟霞"，此处的"君"就是江郎山吧。如能腋下生双翼，就可以和山君共居琼台仙阁，共醉晚霞晓雾，共度花朝月夕，这是何等美妙，何等梦幻！

爱国词人辛弃疾，流寓江南，为此生壮志难酬、为故国恢复无望、为朝廷苟且偷安而忧心忡忡。在深重的寂寞情怀里，猛然撞见壁立千仞、遗世独立的江郎山，他竟与山惺惺相惜了。"三峰——青如削，卓立千寻不可干。正直相扶无倚傍，撑持天地与人看。"这正直无依、撑持天地的品格，不正是辛弃疾本人的自况吗？

"阿奴生小爱梳妆，屋住兰舟梦亦香。望煞江郎三片石，九姑东去不还乡。"打动郁达夫的是当地流传的一个凄美的爱情传说。很久很久以前，金纯山下住着江郎、江亚、江灵三兄弟。他们爱上了经常下界游玩的仙女，但是始终仙凡有别，仙女一去不复返。三兄弟日日翘首等待仙女翩然归来，岁月如流，终于把自己望成了三巨石——郎峰、亚峰、灵峰。天下望夫石的传说随处可见，但是望妻石绝对独此一处。多情才子心有戚戚，自然发出"郎峰是天下最多情的山峰"的赞叹。

其实，无论白居易、辛弃疾还是郁达夫，终究都是江郎山脚下的匆匆过客。真正终生守望江郎的是唐代宿儒祝其岱。祝其岱，字东山，精通经史，擅长诗文。朝廷曾授予他银青光禄大夫的官职，但他不满武则天专权，坚辞不就，隐居江郎山，开馆讲学，吸引了许多钦佩他的品格才识的向学之士，也为这座亿年古山增添了脉脉书香。长期在江郎山生活，他对这里的一草一木都倾注了感情，曾写一诗云："江郎山独高，嵬嵬插天表。绝顶一登临，众山皆渺小。"写出

▶万山之表，三石耸峙，这便是2010年入选世界自然遗产名录的中国丹霞第一奇峰江郎山。

了江郎山的雄伟气势和自己的博大胸襟。

祝其岱活了96岁，在与江郎偕老的日子里，实现了自己生命的圆满。他的家族也在此世世代代繁衍生息，人才辈出，蔚为望族，北宋时受封为"江郎世家"。后人继承其生前的事业，在江郎山北麓创立江郎书院，培养了许多读书人。

时人评价祝其岱："诗无邪思，文有卓识，气浩词严。"思无邪，气浩然，天地之间，唯有巍巍江郎可以安放。

江郎山垂垂老矣，有情人来此，定能读出它"老迈"之躯中隐藏着多少沧桑故事，多少人间情怀。

烂柯山：

浮生一梦

传说在很久以前，信安郡，也就是现在的衢州，有座石室山。一天，有一个名叫王质的樵夫到山中砍柴。他撞见几个小童一边下棋一边唱歌，不觉入了迷。童子拿果子给王质吃，他含在嘴里饥饿感就全没了。也不知过了多少时候，童子问王质怎么还不回家啊。王质这才惊觉，一回头，童子不见了，而自己砍柴用的斧柯已朽烂。回到家中，亲人早已不在人世。原来，山中不到一局棋的工夫，人间已经忽忽数百年过去了。这个传奇故事广为流传，石室山也就被叫作烂柯山了。

烂柯山的风景如何呢？郁达夫的《烂柯纪梦》写得很好："在青葱环绕着的极深奥的区中，更来了这巨人撑足直立似的一个大洞；立在山下，远远望去，就可以从这巨人的胯下，看出后面的一湾碧绿碧绿的青天，云烟缥缈，山意悠闲，清通灵秀，只觉得是身到了别一个天地；在一个城市里住久的俗人，忽入此境，那能够叫他不目瞪口呆，暗暗里要想到成仙成佛的事情上去呢?"

引来郁达夫的惊叹、唤起他梦幻般感受的，正是那烂柯山上最奇崛的一道风景——天生石梁。石梁是一道天生石桥，桥洞高10米，东西宽30米，南北深20米。如彩虹雄跨两端，横空出世，无所依傍。

据地质学家说，很早以前，这里是一片汪洋，后来地壳运动造就了这样一个自然界的奇观。沧海桑田，再联系到"洞中方一日，世上已千年"的烂柯传说，谁到此不会折服于造化的伟力、不感觉到自身的渺小呢？

　　历来描写烂柯传说和石梁景观的诗篇无不寄托着历史的沧桑感和人世的虚幻感。其中最具代表性的当数唐代孟郊的《烂柯石》："仙界一日内，人间千载穷。双棋未遍局，万物皆为空。樵客返归路，斧柯烂从风。唯余石桥在，犹自凌丹虹。"寥寥四十个字，道出了古代中国人独特的宇宙观和时空观，闪烁着思辨的哲学光芒。

　　烂柯的传说衍生出了围棋文化，烂柯山也因此被视为围棋仙地。在中国人的语境里，围棋不是单纯的智力运动，也是哲学的思索、人生的参悟，更是"有约不来过夜半，闲敲棋子落灯花"的悠闲心境。尺幅之上，黑白子进退攻守之中，自有洞天，令人忘怀世间得失。樵夫王质想来是颇有些慧心的人，在一个日暖花香的美好日子里，遇着几个快活游戏的仙童，便忘却了日常的营生，在歌声中陶醉，在棋局中神迷，不知不觉间消磨了数百年的人世光阴。

仙霞岭：
雄关古道夕阳斜

　　仙霞岭，莽莽苍苍，横亘在浙闽省界。它山中有山，五步一湾，三步一岩，绝壁千寻，重峦深锁，历来以险峻著称。郁达夫曾在《仙霞纪险》中极力渲染它的险："要看山水的曲折，要试车路的崎岖，要将性命和运命去拼拼，想尝尝生死关头，千钧一发的冒险异味的人，仙霞岭不可不到。"

　　仙霞岭在形势上，握东南锁匙，扼浙西门户，居高临下，势及千里，所以战略地位十分重要。这样的兵家必争之地，注定了仙霞岭在冷兵器时代与战争难以分隔的宿命，也注定了在它美丽轻盈的名字下凝聚着一段段铁与血的故事。

　　仙霞岭一带共有六道关隘，其中最重要、最伟峻的是仙霞关。仙霞关又有五道关，险要之处，仅容一马通行，山势崔嵬，弯道曲折，步步皆险，实在是一道天造地设的雄关，所以自古与剑门关、函谷关、雁门关齐名，并称中国四大古关口。

自汉、唐以来，仙霞岭就把自己的名字深深镌刻在中国东南方的战争史上。宋元更迭、元明交替、明清易代，仙霞岭无不目睹双方的连云列戟、旌旗猎猎。到了近现代，太平天国运动、军阀混战、北伐战争、抗日战争、国共内战，仙霞岭也从未缺席，更别提那些数不清的小战役了。

战争永远是残酷的，《长生殿》作者洪昇途经这一片屡被战火焚烧的土地时，叹息道："居人乱后惟荒垒，巢燕归来止数家。一片夕阳横白骨，江枫红作战场花。"寻常百姓的愿景是趁着战争间歇的和平时期，抓紧时间获取生活所需的物资，顺利到达想去的地方，偶尔还能欣赏路上的风景。仙霞古道的存在，为实现这样朴素的生活理想提供了可能性。

古道在历史上被称作闽浙官道、江浦驿道。它从浙江省江山市大南门开始，穿越10个乡镇，进入福建省浦城县。在江山境内75千米，在浦城境内45.5千米，全程120.5千米。这条穿行在蛮荒山水中的道路，维系着熙熙攘攘的商旅记忆，记录着士人大夫相迹于途的荣耀时光，流淌着无数挑夫的辛勤汗水。

公元前138年，汉武帝发兵进攻闽越国，兵分海陆两路，其中陆路便是越仙霞岭，因山开路，进入闽地。唐末，黄巢率军转战浙皖赣一带，在进攻宣州失利后，转战浙东。878年，他从衢州经江山，在古道原路的基础上，凿山平险，加以修整，直趋建州（今福建建瓯），古道得以延伸、拓展。后世又不断有官府或个人出资修建，古道从简陋的土路到坚实的石路，越修越好。

仙霞古道的开路先锋虽然是战争，是征服者的野心，但是有了路，就有了来往的行人，有了沿路的村镇、驿馆。当岁月静好，现世安稳，这里就上演着一幕幕繁华的人间盛景。

有人说，这是一条"宋诗之路"。因为至宋代，尤其是南宋时，浙闽之间的交流频繁起来，做官、求学、赶考，无论是入闽还是至浙，这里都是必经之地。欧阳修、王安石、陆游、杨万里、朱熹、辛弃疾、刘克庄等名流显宦，接踵而来，浩然而歌，为喋血群山增添了诗情画意。

这也是一条交流之路。官道就是驿道，是政府设的交通要道，沿途设有驿站、驿铺与驿馆，承担着传送公文、迎送官员、运送货物等等功能。清代鼎盛期，这里沿途的驿铺有十八个之多，平均六千米设一铺。

这又是一条商贸之路。古道沿线及浙、赣、皖等地出产

▶当周遭的一切都归于宁静，唯有古老雄关，无言诉说如风往事。（沈天法摄）

的丝绸、瓷器、茶叶等，正是通过仙霞古道，进入东南沿海的福州、泉州、广州等港口，从而连接了海上丝绸之路。

货物要流通聚散，要北上南下，于是派生出一支由百万挑夫组成的浩浩荡荡的内陆运输大军，俗称"挑浦城担"。挑夫的工作是极为辛苦的，在仙霞岭这样一个"一面是流泉涡旋的深坑万丈，一面又是飞鸟不到的绝壁千寻"的险要所在，空手的行人都觉得胆战心惊，更别提挑着沉重的担子翻山越岭了。他们风尘苦旅，年复一年地往返奔波于崇山峻岭之间，一根沉甸甸的扁担，一头挑起全家人的生计，一头挑起世间的繁华。

1933年，国民政府为了军事需要，用40天的时间完成江（山）浦（城）公路，以打通仙霞天险。从那以后，渐渐地，仙霞古道的交通地位就让位于新修的公路了。

"青山原不动，白云自去来。"远去了冷兵器时代的鼓角争鸣，暗淡了农耕文明的热闹繁华，唯余雄关古道，西风残阳，苍莽仙霞，在历史时空的深处，不来不去。